AUTORIN: GABRIELE LINKE-GRÜN | FOTOS: MONIKA WEGLER UND ANDERE

WOHNUNGSKATZEN

INHALT

4 SO SIND KATZEN

16 SCHÖNER WOHNEN

30 DAS HARMONIE-KONZEPT

48 RUNDUM GESUND

EXTRAS

QUALITÄTS G|U GARANTIE

DIE GU-QUALITÄTS-GARANTIE

Wir möchten Ihnen mit den Informationen und Anregungen in diesem Buch das Leben erleichtern und Sie inspirieren, Neues auszuprobieren. Bei jedem unserer Produkte achten wir auf Aktualität und stellen höchste Ansprüche an Inhalt, Optik und Ausstattung. Alle Informationen werden von unseren Autoren und unserer Fachredaktion sorgfältig ausgewählt und mehrfach geprüft. Deshalb bieten wir Ihnen eine 100 %ige Qualitätsgarantie.

Darauf können Sie sich verlassen:
Wir legen Wert auf artgerechte Tierhaltung und stellen das Wohl des Tieres an erste Stelle. Wir garantieren, dass:

- alle Anleitungen und Tipps von Experten in der Praxis geprüft und
- durch klar verständliche Texte und Illustrationen einfach umsetzbar sind.

Wir möchten für Sie immer besser werden:
Sollten wir mit diesem Buch Ihre Erwartungen nicht erfüllen, lassen Sie es uns bitte wissen! Nehmen Sie einfach Kontakt zu unserem Leserservice auf. Sie erhalten von uns kostenlos einen Ratgeber zum gleichen oder ähnlichen Thema. Die Kontaktdaten unseres Leserservice finden Sie am Ende dieses Buches.

GRÄFE UND UNZER VERLAG
Der erste Ratgeberverlag – seit 1722.

H

SO SIND KATZEN

Kann eine Katze in einem begrenzten Lebensraum glücklich sein? Sie kann, wenn Sie Wesen, Fähigkeiten und Spielregeln der Katzengesellschaft kennen und versuchen, die Welt aus Katzensicht zu sehen.

Aus dem Tagebuch einer Katze

Wie verbringt eine Katze, die draußen unterwegs ist, eigentlich den lieben langen Tag? Eine Frage, der es sich lohnt nachzugehen, denn so wird schnell klar, was wir einer Wohnungskatze bieten müssen, damit sie glücklich ist.

Was ein Tag so alles bringt

Nehmen wir doch zum Beispiel Mimi – eine Hauskatze mit Freigang. Mimi hat ein Revier, das sie natürlich als ihren persönlichen Besitz betrachtet. Wehe, es kommt ein fremder Artgenosse vorbei, den sie nicht mag. Dann gibt es Zoff. Allerdings teilen sich Katzen auch manchmal ein Revier, sind aber nicht unbedingt auf eine Begegnung scharf. Duftbotschaften signalisieren jedem Teilhaber der Grundstücksgemeinschaft, wer wann was nutzen darf (→ Seite 22). Mimi ist jedoch Alleinherrscherin in ihrem Reich. Mehrmals täglich inspiziert sie ihr Revier. Dabei bezieht sie gern Beobachtungsposten auf dem Gartenzaun. An geschützten, nicht einsehbaren Plätzen wie etwa in dem alten Weidenkorb wird eine Runde gedöst, auf dem Holzstapel ein ausgiebiges Sonnenbad genommen. Im hohen Gras kann man sich prima verstecken und sehen, ohne gesehen zu werden. Im Steinhaufen entdeckt Mimi eine junge Eidechse, die ihr Leben jedoch durch »Abtauchen« in die locker aufgestapelten Steine retten kann. Unter der Hecke raschelt es verdächtig nach Mäuschen. Mimi geht in Lauerstellung. Die Katze jagt auch gern Schmetterlinge oder versucht einen Vogel zu ergattern. Und dann gibt es da noch Nachbars Goldfische. Fangen lassen sie sich zwar nicht, aber interessante Forschungsobjekte sind sie allemal. Ach ja – ausgiebige Körperpflege natürlich nicht zu vergessen. Und dann ist Mimis Tag auch schon wieder um ...

Gewohnte Pfade

Ihr Revier kontrolliert eine Katze zu bestimmten Tageszeiten und immer nach einem festen Wegeplan – am liebsten auf einem Rundkurs.

In der Wohnung Schaffen Sie einen interessant gestalteten »Catwalk« durch die Wohnung, der verschiedene Schwierigkeitsgrade und Elemente wie z.B. einen Teil zum Balancieren, Springen und Klettern beinhaltet (→ Seite 19).

Gute Aussichten

Wer möchte nicht gern den Überblick und damit auch eine gewisse Kontrolle haben? Katzen machen da keine Ausnahme. Auf erhöhten Aussichtsplätzen fühlen sie sich nicht nur sicher, sondern von hier aus kann man auch prima beobachten, was sich dort unten so alles tut.

In der Wohnung Die gute Aussicht darf auch hier nicht zu kurz kommen. Diese strategisch wichtigen und interessanten Beobachtungsposten gibt es z.B. auf dem Kratzbaum, im Bücherregal oder auf der Fensterbank (→ ab Seite 20).

Zeit zum Relaxen

Mehr als die Hälfte des Tages verbringen Katzen mit schlafen, dösen oder einfach nur ausruhen. Bevorzugt werden warme, trockene und zugfreie Plätze – am besten erhöht, um jederzeit alles im Blick zu haben, und geschützt, denn die kleinen Jäger relaxen draußen nicht gern auf dem »Präsentierteller«. Die Schlafphasen von Katzen haben eine unterschiedliche Intensität. Leichtschlafphasen wechseln sich mit erholsamen Tiefschlafphasen ab – vorausgesetzt, Mieze fühlt sich sicher und geborgen. Im Halbschlaf ist ihr Gehör auf vollen Empfang geschaltet. Schon beim kleinsten ungewöhnlichen Geräusch spannt sich der Körper und ist reaktionsbereit. Aber auch beim bekannten verlockenden Klappern der Leckerlidose sind Stubentiger sofort ganz Ohr und kommen herbeigerannt.

In der Wohnung Klar, dass es in einem katzengerechten Zuhause mehrere gemütliche Kuschelplätze geben muss, die je nach Lust und Laune von den wählerischen Hausgenossen in Anspruch genommen werden. Angefangen vom gemütlichen Körbchen bis hin zur Heizungsliege oder dem liebsten aller Katzenheiligtümer: dem Bett ihres Menschen.

Ein Logenplatz mit bester Aussicht auf dem gesicherten Balkon. Von hier aus hat die Katze alles im Blick und kann ungestört beobachten.

Von wegen Katzenwäsche. Mehrere Stunden des Tages verbringt Mieze mit der Fellpflege. Ihre raue Zunge ersetzt dabei den Kamm.

Schlafen und relaxen. Mehr als die Hälfte des Tages verbringen Katzen auf diese Weise. Jagen ist eben anstrengend, auch wenn's in der Wohnung nur die Stoffmaus ist.

Jagdfieber

Die Jagd und der Beutefang stehen im Mittelpunkt eines Katzenlebens. Der Jagdtrieb ist angeboren, doch die verschiedenen Jagdtechniken wie »An-Maus-Heranschleichen«, »Vogel-Abschlagen« oder »Fischen« müssen erlernt werden. Katzen haben eine perfekte Jagd-Ausrüstung: ein besonders elastisches Skelett und hervorragende Sinne (→ Seite 8/9). Mit diesem ausgezeichneten »Handwerkszeug« wird die Jagd in vielen Fällen zum erfolgreichen Beutezug. Wenn sich etwas bewegt, das ins Beuteschema passt, es irgendwo raschelt oder piepst, ist Miezes Jagdfieber entfacht. Da spielt es keine Rolle, dass man eigentlich satt ist.

In der Wohnung Ein Leben ohne »echte« Beutetiere ist nur dann spannend, wenn Sie Ihrer Katze einen Ersatz für aufregende, aber auch körperlich anstrengende Jagdzüge in freier Natur bieten. Damit Mieze überschüssige Energien abbauen kann und ihre Psyche ausgeglichen bleibt, werden Sie nicht umhinkommen, täglich das Spiel »Jäger und Gejagte« mit ihr zu spielen. Sie simulieren die Beute, und Ihr Kätzchen stürzt sich auf die begehrte Trophäe (→ Seite 38). Bieten Sie Ihrem Stubentiger auch Spielzeug an, mit denen er sich solo beschäftigen kann. Alles, was sich schubsen lässt und so leicht ist, dass es mit einem gezielten Pfotenhieb in die Luft geschleudert werden kann, steht hoch im Kurs (→ Seite 36).

Katzen haben einen **Zeitplan**

»INNERE UHR« Katzen haben einen untrüglichen Zeitsinn. Aktivitäten wie z. B. Revierkontrollen laufen nach einem festen Zeitplan ab.

ZUVERLÄSSIGKEIT Katzen erwarten, dass auch ihre Menschen Termine einhalten wie etwa fürs Füttern, Spielen und Schmusen. Wer ständig Termine vergisst, riskiert die Freundschaft.

Die Umwelt mit den Sinnen erleben

Schmecken

Auf der Zunge sitzen Geschmacksknospen, mit deren Hilfe die Katze Saures, Bitteres und Salziges unterscheiden kann. Süßes dagegen schmeckt sie nicht. Das Jacobsonsche Organ im Gaumendach prüft Sexuallockstoffe und andere Düfte, die über die Zunge »schmeckbar« werden.

Tasten

Tasthaare im Gesicht und an der Rückseite der Vorderpfoten reagieren auf Berührungen und messen auch, wie breit ein Durchschlupf ist. In den Sohlenballen sitzen Druckrezeptoren, die nicht nur Druck, sondern auch Erschütterungen melden.

Sehen

Das Blickfeld einer Katze umfasst 280 Grad. Sie kann gut räumlich sehen und Entfernungen genau abschätzen. Die größte Sehschärfe liegt im Bereich von zwei bis sechs Metern. Eine lichtreflektierende Schicht im Auge sorgt für hervorragendes Sehen in der Dämmerung. Gelb und Blau kann die Katze gut unterschieden, Rot und Orange dagegen weniger gut.

Hören

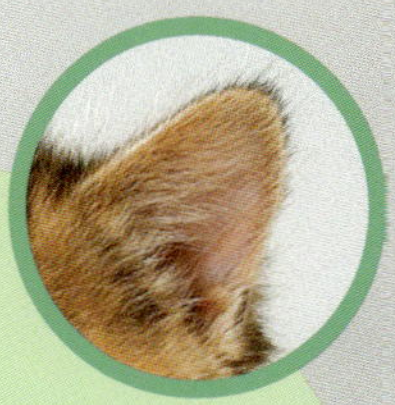

Das Hörvermögen von Katzen ist außerordentlich. Sehr sensibel reagieren sie auf hohe Töne, die wir überhaupt nicht wahrnehmen. Dabei arbeiten die Ohren wie Schalltrichter, die unabhängig voneinander gedreht werden können und so die Geräuschquelle orten. Nicht alle Klänge werden gleichermaßen »verarbeitet«. Töne, die für sie bedeutungslos sind, schaltet sie einfach aus. Lösen Laute jedoch Schlüsselreize aus wie das Öffnen der Kühlschranktür (= leckeres Futter), ist Mieze sofort hellwach.

Riechen

Die gute Nase ist in der Katzenkommunikation von großer Bedeutung. Nicht nur das Revier wird mit duftenden Nachrichten markiert, sondern auch Sympathieeinschätzungen und Begrüßungsrituale verlaufen per Nase.

Garantie für ein Dreamteam

Jede Katze hat ihre eigene Persönlichkeit, ebenso jeder Mensch. Wenn's in der Katze-Mensch-Beziehung klappen soll, müssen die Richtigen zusammenfinden. Es gibt Katzen, die sich ihre Menschen aussuchen und eines Tages vor der Tür stehen. Doch wer die Wahl hat, sollte den Einzug seiner felltragenden Mitbewohner genau planen.

Was haben Sie zu bieten?

Platz Die Größe einer Wohnung steht für Katzen nicht im Vordergrund, sondern vor allem die Struktur des Lebensraums (→ Seite 18). Für die reine Wohnungshaltung reicht jedoch, nach meiner Erfahrung, ein 20-qm-Appartement ohne Balkon nicht aus. Es sollte Minimum eine 2-Zimmer-Wohnung sein, die es den Samtpfoten ermöglicht, sich jederzeit unbeobachtet zurückzuziehen. Junge Kätzchen brauchen Platz zum Spielen und Toben.

Lebenssituation Wie geht es bei Ihnen zu Hause zu? Turbulent oder eher ruhig? Wählen Sie eine Katze, die zu Ihnen und Ihrem Leben passt. Für Familien mit Kindern sind Kätzchen, die beim kleinsten Geräusch unter dem Sofa verschwinden, nicht das Richtige. Selbstbewusste, neugierige kleine Tiger, die etwas härter im Nehmen sind, fügen sich besser in die Hausgemeinschaft ein. Ältere Menschen dagegen wünschen sich oft eine anschmiegsame Samtpfote. Hier passt eine erwachsene Katze mit ruhigem Wesen (→ Seite 12/13).

Zeit Wohnungskatzen brauchen mehr Anregung und Unterhaltung als Freigänger. Selbst wenn Katzen im Durchschnitt 15 Stunden am Tag schlafen und dösen, tun sie das aber nicht an einem Stück. Dazwischen ist »Action« angesagt. Vor allem, wenn Sie den ganzen Tag außer Haus sind, kann eine Einzelkatze vereinsamen. Viele schlagen die Zeit mit noch mehr Schlafrunden tot, manche entwickeln Verhaltensstörungen wie etwa Unsauberkeit oder Aggressionen. Hilferufe eines »Einzelhäftlings«. Deshalb ist es grundsätzlich ratsam, von Anfang an zwei Katzen aufzunehmen (→ Tipp, unten). Das soll jedoch nicht heißen, dass Sie Ihre zufriedene Einzelkatze vergesellschaften müssen. Es gibt auch Katzen, die lieber allein leben.

Katzenmenschen Sind Sie tolerant, einfühlsam und nehmen so manches mit Humor? Dann sind Sie der richtige Partner für Samtpfoten.

Bei Wohnungskatzen darauf achten!

Die folgenden drei Dinge sind für die Auswahl von Wohnungskatzen besonders wichtig:

Gut sozialisiert Zwischen der zweiten und siebten Lebenswoche werden soziale Verhaltensmuster festgelegt. Erfahrungen, die ein Kätzchen jetzt macht, prägen es für sein ganzes Leben. Wächst es

Katzen **im Doppelpack**

WER VERTRÄGT SICH? Leider lässt sich darauf keine Pauschalantwort geben. Gut vertragen sich oft Wurfgeschwister und Kätzchen, die miteinander aufgewachsen sind. Ebenso Katzen, die in Alter und Charakter zueinanderpassen. Übermütige Jungkätzchen können eine alte Katze leicht mal überfordern. Einige Tipps zur Vergesellschaftung finden Sie auf Seite 47.

KATZENPARTNER Zu zweit wird's selten langweilig, wenn man sich gut versteht. Kessy fordert Alex zu einer spielerischen Rauferei heraus. Alex ist noch unentschlossen, aber durchaus interessiert. Wenn man als Wohnungskatze nicht weiß, wohin mit all der Energie, dann tut eine kleine Balgerei zwischendurch gut. Die beiden jungen Katzen trainieren auf diese Weise ihre körperlichen Fähigkeiten und lernen Grenzen im Umgang mit Artgenossen kennen. Eine rundherum sinnvolle Sache.

ABGELENKT Kaum kommt »Oberkatze« Mensch ins Spiel, ist der Katzenpartner abgemeldet. Schließlich kann nur er die Katzenangel schwingen und seinem Minitiger »echte« Beute anbieten. Kessys Jagdleidenschaft ist geweckt. Alex schaut etwas verdutzt in Anbetracht von Kessys »Sprunghaftigkeit«. Eben war er noch der begehrte Spielpartner, jetzt lässt sie ihn für ein paar hüpfende Federn stehen.

FORTSETZUNG FOLGT Die Federn sind erbeutet und jetzt wird Alex wieder für Kessy interessant. Kessy hat ein temperamentvolles Wesen und ist einer Runde »Austoben« selten abgeneigt.

in einer Katzengruppe mit erwachsenen Tieren und Geschwistern auf, entwickelt es sich zu einem selbstbewussten Tier, das vielfach auch später Artgenossen gegenüber aufgeschlossen ist. Macht es jetzt positive Bekanntschaft mit Menschen verschiedenen Geschlechts und Alters, wird es sich im Erwachsenenalter uns gegenüber zutraulich zeigen. Vielfältige Umwelteindrücke wie das Gewöhnen an unterschiedliche Geräusche (z.B. an den Staubsauger oder den Mixer), die Bekanntschaft mit anderen Tierarten, Laufen auf verschiedenen Untergründen oder Autofahrten in der Transportbox festigen Wesen und Selbstbewusstsein (→ Seite 59).

»Duft der Freiheit« unbekannt Wer etwas nicht kennt, der vermisst es auch nicht. Das gilt auch für Katzen. Entscheiden Sie sich deshalb unbedingt für Samtpfoten, die aus einer Wohnungshaltung stammen. Halbwilden Bauernhofkätzchen oder Katzen, die Freigang gewöhnt sind, fällt es sehr schwer, ein begrenztes Wohnungsrevier zu akzeptieren. Sie werden die Freiheit vermutlich immer vermissen, selbst wenn Sie bereit sind, ihnen ein wahres Katzenparadies in der Wohnung zu bieten.

Nicht zu jung Erst im Alter von 12 Wochen sind kleine Katzen reif für die Trennung von Mutter, Geschwistern und anderen Artgenossen. Jüngere

Verkehrte Welt. Klein-Angelo flüchtet vor dem Hamster. Doch wenn Angelo größer ist, wird sich das Blatt wahrscheinlich wenden. Hamster passen nämlich perfekt in das Beuteschema von Katzen.

Tiere oder per Hand aufgezogene Katzen haben entscheidende Entwicklungsdefizite. Sie lernen kein oder zu wenig soziales Verhalten. Solche Katzen entpuppen sich später häufig als Problemfälle, die nicht selten überängstlich oder aber genau das Gegenteil, nämlich fordernd aggressiv sind.

Wie Sie Ihre Traumkatze finden

Katzen finden Sie über Inserate, Internet, Bekannte, Hilfsorganisationen oder im Tierheim.

Machen Sie sich selbst ein Bild Keine Frage, dass Ihnen bei einer teuren Rassekatze kein Weg zu weit ist, um sie sich anzuschauen. Tun Sie es aber in Ihrem Interesse auch bei liebenswerten Hauskätzchen. Aus ihren Beobachtungen lässt sich einiges schließen. Wie gehen die Besitzer mit den Tieren um? Werden sie liebevoll behandelt? Stellt man Ihnen Fragen zu Ihren persönlichen Verhältnissen? Dann haben die Halter Interesse daran, dass die Kleinen ein gutes Zuhause bekommen. Wie verhalten sich die Kätzchen? Verschwinden sie gleich, wenn sie Sie sehen? Dann sind sie nicht gut sozialisiert (→ Seite 10). Werden Sie dagegen neugierig umringt, zeigt Ihnen das ein menschenbezogenes aufgeschlossenes Wesen (→ Verhaltenstest, rechts). Hier sind Sie richtig. Selbstverständlich sind die Tiere geimpft und entwurmt (→ Seite 56).

Katzen aus dem Tierheim Ein Besuch im Tierheim lohnt sich, denn nirgendwo sonst haben Sie eine so große Auswahl an verschiedenen Katzen. Die Persönlichkeit erwachsener Katzen ist bereits ausgebildet. Sie können Temperament und Wesen erkennen. Zu ihrer Vorgeschichte kann Ihnen manchmal das Tierheimpersonal Auskunft geben. Oft allerdings handelt es sich um Findelkatzen. Sind zwei Katzen offensichtlich miteinander befreundet, dann nehmen Sie gleich beide.

Gesund und **munter**

TIPPS VON DER KATZEN-EXPERTIN **Gabriele Linke-Grün**

GESUNDHEITSCHECK Gesunde Katzen haben klare Augen, ohne Ausfluss. Die Ohren sind sauber, geruchsfrei und ohne Beläge. Das Fell ist dicht und glänzt (bei Kurzhaarkatzen). Die Haut ist frei von Krusten. Bauch und Flanken sind weder eingefallen noch aufgetrieben (Würmer!). Der After ist sauber, das Fell nicht verklebt.

VERHALTENSTEST Selbst im gleichen Wurf gibt es unterschiedliche Charaktere wie etwa die Forschen, die Schüchternen, »Schmusebärchen« oder kleine Rabauken. Woran erkennen Sie das? Setzen Sie sich auf den Boden, sprechen Sie mit lockender Stimme, und rascheln Sie mit ein wenig Papier in Ihrer Hand. Wer kommt als Erstes auf Sie zu? Der Forsche. Wer lässt den Geschwistern den Vortritt, läuft aber hinterher? Die Vorsichtige. Wen lassen Sie unbeeindruckt? Er findet den Kampf mit seinem Geschwisterchen spannender. Der Rabauke. Wer genießt Ihr Streicheln eine Weile schnurrend? Der »Schmusebär«. Wählen Sie Kätzchen, die zu Ihnen und Ihrem Leben passen. Oft haben aber auch Katzen einen untrüglichen Instinkt für ihre »richtigen« Menschen.

Katzen im Porträt

Die Wahl einer Rassekatze hat gewisse Vorteile: Rassen weisen typische Charaktermerkmale auf, die Eltern sind bekannt, und schon ihre Vorfahren lebten vermutlich ausschließlich in der Wohnung.

MAINE COON Majestätische Katze, die viel Platz braucht. Vom Wesen her ist sie zärtlich und eher zurückhaltend.

SIAM Sie gilt als »Plaudertasche« unter den Rassekatzen. Siamkatzen sind verspielt und besonders anhänglich. Wird die Siam allerdings nicht genügend beachtet, fordert sie beharrlich und mit lauter Stimme Zuwendung und Beschäftigung ein.

BRITISCH KURZHAAR Die »Bärchen« mit ihrem kurzen, dichten Fell sind ruhige und bedächtige Vertreter der Katzengesellschaft. Obwohl anhänglich, mögen sie es nicht, von ihrem Menschen bedrängt zu werden.

RAGDOLL Diese liebenswerte Rasse gilt als außerordentlich umgänglich und verträglich. Die Ragdoll ist geduldig, anhänglich und sehr verspielt.

ABESSINIER Die temperamentvollen und eleganten »Klettermaxe« sind umgänglich, anpassungsfähig, verspielt und sehr gelehrig.

PERSER Sie sind meist ruhig und bedächtig, zeigen sich aber beim Spielen oft erstaunlich beweglich. Perser gelten als ideale Wohnungskatzen mit geringem Platzanspruch.

EUROPÄISCH KURZHAAR Hier ein Exemplar mit schwarzer Tigerzeichnung auf silbernem Grund. EKH sind ausgeglichen, liebenswert und intelligent.

HEILIGE BIRMA Eine freundliche, menschenbezogene Katze, die auch gut mit Kindern klarkommt. Sie ist leise, verträglich und verspielt. Die Birma liebt es, wenn ihr Mensch Zeit für sie hat.

SCHÖNER WOHNEN

Während wir Menschen zufrieden »bodenständig« leben, nutzen Katzen auch gern die höheren Ebenen. Eine prima Sache, um gut miteinander klarzukommen und sich auch mal aus dem Weg zu gehen.

Die Wohnung aus Katzensicht

Was wäre für Kater Carlo und seine Freunde ein Albtraum? Diese Szene ist schnell entworfen: Sie müssten in einer schicken Designerwohnung leben. Viel Platz, aber alles ordentlich und wenig Möbel. Aber Katzen lieben Nischen und Rückzugsmöglichkeiten. Schließlich will man ja nicht immer und überall jemandem begegnen. An der hellen Ledercouch lässt es sich immerhin gut kratzen, aber das Leder ist kalt und glatt. Ein gemütlicher warmer Ruheplatz für Katzen wird diese Couch nie. Und wo sind die Aussichtsplätze, um das Revier auch mal von oben zu inspizieren? Die Vitrine, die einsam an der Wand steht, ist zwar hoch genug, doch sie hat ein rundes Dach, auf dem eine Samtpfote weder stehen, sitzen noch laufen kann. An den Wänden hängen viele Bilder, Regale zum Klettern gibt es aber nirgendwo. Durch die riesigen Fenster sieht man natürlich wunderbar, was draußen so alles passiert. Doch wo ist die Fensterbank, um es sich beim stundenlangen Beobachten bequem zu machen? Und dann der Horror für Katzen pur: Verschlossene Türen! Nur das Wohnzimmer, die Küche und das Bad dürfen betreten werden. An dieser Stelle würde wahrscheinlich jede Katze »schweißgebadet« aus ihrem Albtraum erwachen, um erleichtert festzustellen, dass glücklicherweise alles nur ein schlechter Traum war …

Traumwohnung für Katzen

Einer Katze, die keinen Freigang hat, muss die Wohnung gewissermaßen die Natur ersetzen. Das gelingt sicher nicht perfekt, ist aber bis zu einem bestimmten Grad durchaus möglich – vorausgesetzt, Sie berücksichtigen die Ansprüche der kleinen Jäger (→ Seite 5) und kombinieren alles mit einem Unterhaltungsprogramm (→ Seite 30).

So sieht eine Wohnung nach Katzengeschmack aus:
Alle Räume begehbar Die Türen sind zu jeder Zeit offen und können von Mieze bei ihren Inspektionsgängen durch ihr Revier genutzt werden.
Wanderwege an der Wand Im Wohnungsrevier kann nicht nur vom Boden aus patrouilliert werden, sondern auch über einen Pfad an der Wand entlang (→ Laufsteg, rechts).
Aussichtsplätze Erhöhte Plätze bieten nicht nur einen guten Überblick. Hier fühlen sich Samtpfoten zudem sicher. Aber auch der Fensterplatz oder der Aussichtsplatz auf dem Balkon gewähren höchst begehrenswerte Aussichten (→ Seiten 20 und 28).
Ruheplätze Es gibt mehrere Rückzugsmöglichkeiten zum ungestörten »Meditieren«, Dösen und Schlafen (→ Seite 21). Ein Muss in jeder katzengerechten Wohnung.
Verstecke Herrlich, wenn Mieze aus dem »Hinterhalt« ihre Menschen oder den Katzenpartner überfallen kann (→ Seite 21).
Kratzgelegenheiten Ein stabiler Kratzbaum zum Krallen wetzen, Duftnoten hinterlassen, kuscheln, klettern, balancieren, springen und toben darf keinesfalls fehlen (→ Seite 22).
Restaurant Natürlich werden an einem festen Platz in der Wohnung die Hauptmahlzeiten serviert. Um den Durst zu stillen, stehen mehrere »Bars« zur Verfügung (→ Seite 24 und 26).
»Stilles Örtchen« Eine, besser zwei Toiletten sind pro Katze eine Selbstverständlichkeit (→ Seite 26).

In oberen Regionen kann die Katze herrlich relaxen, denn hier »stören« die Zweibeiner nicht.

Damit Mieze sich nicht an den Möbeln vergreift, ist ein standfester Kratzbaum Pflicht in der Wohnung.

Laufsteg in luftiger Höhe

Wenn Sie die Wände für Ihre Stubentiger begehbar machen, schlagen Sie mehrere Fliegen mit einer Klappe. Zum einen erfüllen Sie den Herzenswunsch Ihrer Minitiger, auf verschiedenen Pfaden ihr Revier zu durchstreifen. Zum anderen wird das begrenzte Wohnungsrevier Ihrer Lieblinge auf diese Weise vergrößert, und sowohl Zwei- als auch Vierbeiner können im Bedarfsfall eigene Wege gehen ...

»Catwalk« mit Abenteuereffekt Ich habe viele tolle Katzenpfade in Wohnungen gesehen. Da gibt es z.B. Wege aus naturbelassenen Brettern, an den Seiten mit einem niedrigen Holzgeländer versehen, die etwa 50 cm unter der Decke durch die Zimmer verlaufen, abgestützt mit Holzbalken als »Brückenpfeiler«. Dazwischen eingebaute Kletter- und Kratzsäulen aus zimmerhohen Vier- oder Sechskant-Holzbalken und mit Sisal umwickelt. Auf- bzw. Abstieg bilden eine eigens konstruierte Katzentreppe und ein nicht zu steil angebrachtes Brett bis zum Boden. Mittendrin lädt eine Kuschelhöhle aus Plüsch zum Ruhen ein, und eine breite Plattform sichert den 1a-Überblick.

Auch eine schöne Idee: Durch einen langen schmalen Flur führt ein zickzackförmiger Laufsteg unterhalb der Decke, ebenfalls aus Brettern. Als Auf- und Abstieg dienen mit Teppich bezogene Holzplattformen, die mit Winkelhaken an der Wand befestigt sind und versetzt an der Wand entlang nach oben führen (Abstand der Bretter: Katzen-Körperlänge). Abenteuer und Trimm-dich-Pfad verspricht auch dieser »Catwalk«: An der Wand entlang führen ca. 20 cm breite und etwa 2 bis 3 cm dicke Bretter z.B. über den Türrahmen bis zum nächsten Schrank. Dazwischen muss über ein Stück dickes Tau (fest an den Brettern verankern!) balanciert, ein 40 cm langes »Loch« im Pfad durch einen Sprung bewältigt

Solch eine Röhre am Kratzbaum lässt sich vielseitig nutzen: als Versteck, zum Klettern, Dösen oder – wie hier – um eine Weile »abzuhängen«.

und durch einen etwa 50 cm langen viereckigen Holztunnel gekrochen werden. Vom Schrank aus ist der Kratzbaum leicht zu erreichen, und von hier geht's direkt auf die Fensterbank. Der Fantasie, einen interessanten Laufsteg zu kreieren, sind keine Grenzen gesetzt. Heimwerker finden das Passende im Baumarkt. Einzelemente gibt es im Zoofachhandel oder Sie lassen alles in der »Katzenboutique« maßschneidern.

Grundregeln Halten Sie sich beim Bau des Pfads vor Augen, was Katzen draußen erleben. Legen Sie den Laufsteg möglichst so an, dass die Katze einen Rundgang machen kann und der Weg nicht plötzlich in einer Sackgasse, also z.B. vor einer Wand, endet. Bauen Sie Rastplätze wie »Kuschelhöhlen« und Beobachtungsplattformen ein. Verstecken Sie an verschiedenen Stellen z.B. Trockenfutterstückchen, die »erjagt« werden müssen.

Dauerloge Fensterplatz

Wohnungskatzen lieben Fensterplätze. Kein Wunder, denn hier läuft jedes Mal ein anderes Programm. Das bringt Abwechslung in den Katzen-Alltag. Man kann beispielsweise Vögel, manchmal auch Schmetterlinge beobachten, Nachbars Hund aus sicherer Entfernung mustern oder ganz einfach den fallenden Blättern zusehen ...

Gestaltung Die Fensterbank muss so breit sein, dass sich die Katze darauf ausstrecken kann. Ein weiches, warmes Lammfellkissen oder eine kleine waschbare Decke sorgen für Behaglichkeit. Vielleicht findet auch noch ein Kistchen Katzengras zum Knabbern Platz. Übrigens gibt es für schmale Fensterbänke im Zoofachhandel bequeme Fensterliegen, die mit Schraubklemmen an der Fensterbank befestigt werden. Wer kein Fensterbrett hat, kann die Aussicht nach draußen auch z.B. mit einem Kratzbaum schaffen, der entsprechend platziert ist (→ Seite 23). Einfallsreichtum bewies meine Freundin Moni, die einen Wäschekorb aus Weiden zum Aussichtsplatz »par excellence« für ihre Katzen umfunktionierte und ihn vor das Fenster stellte. Auf dem Boden im Inneren des Korbs liegen schwere Steine, damit er standfest ist und nicht wackelt, wenn die Katze hinaufspringt. Für weiches Liegen sorgt ein waschbares Kissen, das mithilfe von Gummibändern über den Deckel gezogen wird. Außerdem beherbergt der Korb Katzenspielzeug, das Moni abwechselnd hervorholt, damit es für ihre Katzen immer wieder »wie neu« ist.

Sicherheit Frische Luft tut Wohnungstigern gut. Außerdem bringt sie neue aufregende Düfte in die Wohnung. Offene Fenster müssen gesichert sein. Zum einen, um einen Ausflug Ihres vierbeinigen Lieblings zu verhindern, zum anderen, um ihn vor dem Absturz zu bewahren. Stürze aus höher gelegenen Fenstern enden für Katzen häufig mit Knochenbrüchen oder gar tödlich. Die Selbstbauvariante eines Absturzschutzes ist ein Holzrahmen in Fenstergröße, der mit Maschendraht bespannt und mithilfe von Haken in den Fensterrahmen eingehängt wird. Die elegantere Variante sind passgenaue Alu-Rahmen mit Gitter, die Sie im Fachhandel anfertigen lassen müssen. Fliegengitter oder dünne Netze können Katzen leicht durchnagen. Kippfenster extra sichern (→ Seite 22).

Ein sisalumwickelter Kratzbaum aus dem Fachhandel. Wichtig: Achten Sie unbedingt auf Standfestigkeit und Stabilität.

Heiß begehrt – die kuschelige Hängeliege an der Heizung. Nach Ihrem Bett wahrscheinlich der zweitliebste Schlafplatz Ihres Lieblings.

Katzen lieben Höhlen. Dieses dekorative Schneckenhaus ist genau das Richtige für kleine Höhlenforscher. Es besteht aus waschbarem Filz.

Ungestört schlafen

In der Wohnung sollte es mehrere ungestörte Ruheplätze geben, obwohl selbstbewusste Katzen, die sich in ihrer Umgebung sicher fühlen, »immer und überall« relaxen. Die Ruheplätze werden je nach Lust und Laune gewechselt.

Begehrenswerte Ruheoasen Wohnungskatzen entspannen am besten dann, wenn der Ruheplatz erhöht über dem Boden liegt, er kuschelig warm, ungestört vor neugierigen Blicken und ruhig ist. Das Highlight: Der Duft von »Mutterkatze« Mensch in der Nase. Was also steht zum Relaxen an erster Stelle? Natürlich das Bett des Menschen. »Katzenmenschen« haben dafür Verständnis. Es gibt zwar allerhand Tricks, Mieze dieses Begehren abzugewöhnen, wie etwa die Schlafzimmertür konsequent verschlossen zu halten oder das Bett mit Plastikfolie oder ungemütlichem Zeitungspapier abzudecken. Förderlich ist das einer guten Mensch-Katze-Beziehung aber sicher nicht. Äußerst beliebt zum Relaxen sind für die ehemaligen Höhlenbewohner auch Kuschelhöhlen aus Plüsch oder ein Karton-Katzenhaus, in das Sie einen Eingang schneiden, über dem ein »Vorhang« aus einem Stück Stoff hängt und dessen Boden z.B. mit Ihrem ungewaschenen alten T-Shirt ausgepolstert ist. Natürlich gibt es im Fachhandel auch Luxusvarianten regelrechter »Katzenvillen«. Doch für Mieze zählt nur eines: Hauptsache sicher und gemütlich. Super beliebt sind übrigens auch Hängeliegen, die z.B. an Heizkörpern befestigt werden (→ Foto oben links), Hängematten und große offene Schubladen, die weich ausgepolstert sind.

Wo bin ich?

Beobachten, ohne gesehen zu werden, und dann der Überraschungsangriff – eine Grundvoraussetzung, um in der Natur erfolgreich Beute zu machen. Wohnungskatzen haben ihre natürliche Veranlagung nicht aufgegeben. Ihr »Sprung aus dem Hinterhalt« bezieht sich zwar nicht auf Mäuse & Co., aber auf ihre Menschen oder den Katzenpartner.

Gefahren in der Wohnung

Die Wohnung mit Katzenaugen zu sehen, heißt auch, Gefahrenquellen auszuschalten. Das kann für Katzen gefährlich werden:

BADEWANNE	In der vollen Badewanne kann eine Katze ertrinken.
CHEMIKALIEN	Putz- und Lösungsmittel sowie Farben, Lacke und Verdünner für Mieze unerreichbar aufbewahren (Vergiftungsgefahr!).
ELEKTROKABEL	Stromführende Kabel abdecken. Besonders Kätzchen knabbern oftmals alles an (tödlicher Stromschlag!).
HERDPLATTEN	Katze während des Kochens keinesfalls unbeaufsichtigt in der Küche lassen (Verbrennungsgefahr!).
KIPPFENSTER	Kippfenster mit Schutzgittern (Zoofachhandel) sichern (Gefahr des Einklemmens!).
KLEINTEILE	Heftklammern, Knöpfe, Gummibänder, Nadeln außer Reichweite (Gefahr des Verschluckens!).
MEDIKAMENTE	Immer unter Verschluss halten (Vergiftungsgefahr! Z. B. Aspirin® ist tödlich für Katzen).
PFLANZEN	Giftige Zimmerpflanzen (→ Adressen, Seite 62) und Kakteen mit Stacheln entfernen (Vergiftungs- und Verletzungsgefahr!).
PLASTIKTÜTEN	Nicht herumliegen lassen (Erstickungsgefahr!).

Angriff aus dem Hinterhalt In einer richtigen »Katzenwohnung« gibt es unzählige Versteckmöglichkeiten mit der Option des überraschenden »Überfalls«. Sei es der lange Vorhang, hinter dem niemand Katze vermutet, oder Nischen, die besetzt werden, um plötzlich hervorzupreschen. Aber auch der große dekorative Übertopf aus Seegras, der extra liegend drapiert wurde, um Mieze ein tolles Versteck zu bieten, ist nicht zu verachten.

Katze im Dschungel Viele Zimmerpflanzen sind für Katzen giftig (→ Seite 62). Doch es gibt auch geeignete Pflanzen, die sich prima in Kübeln ziehen lassen wie etwa Ziergräser, z.B. Blauer Schwingel, Strandhafer, Segge oder Gold-Flattergras, Bambusgras und Zyperngras. Solch ein kleiner Dschungel eignet sich herrlich zum Verstecken, bietet gefahrlosen Knabberspaß und sogar ein ungestörtes Plätzchen für den Mittagsschlaf. Außerdem sorgen Pflanzen für ein gutes Raumklima.

Kratzen muss sein!

Katzen kratzen nicht nur, um ihre Krallen in Form zu halten, sondern sie verteilen auf diese Weise auch duftende Botschaften. Zwischen den Sohlenballen befinden sich nämlich Duftdrüsen, die beim Kratzen an bestimmten Stellen Nachrichten für Artgenossen hinterlassen wie etwa: »Hier war ich. Wenn du keinen Ärger willst, dann verzieh dich!« Aber auch das Wohnungsrevier wird so an bestimmten Stellen als persönlicher Besitz markiert. Zudem vermittelt das individuelle »Parfüm« dem Tier ein Gefühl von Sicherheit und Beruhigung. Wenn Sie Ihren kleinen Tigern keine passenden Kratzangebote machen, werden wohl Ihre Möbel, die Tapete oder Tür- und Fensterrahmen daran glauben müssen. Abgewöhnen kann man das Kratzen einer Katze jedenfalls nicht.

Ein Kratzbaum nach Katzenwünschen Was sollte solch ein »Wunschbaum« bieten?

› Hier kann man nicht nur kratzen, sondern auch relaxen, vieles überblicken und, wenn man Lust hat, ein effektives Fitness-Training absolvieren. Dazu muss der Kratzbaum standfest und möglichst weit verzweigt sein.

› Der untere Teil des Kratzbaums besteht aus sisalumwickelten Säulen oder echten Baumstämmen.

› Man kann sich beim Kratzen ausgiebig strecken.

› Sisalbespannung und Bezüge sind erneuerbar.

› Attraktives Spielzeug, das am Kratzbaum befestigt wird, machen ihn für die kleinen Tiger perfekt.

› Höhlen und Sitzbretter sind vor allem im oberen Teil angeordnet (Abstand: Katzen-Körperlänge), denn Katzen ruhen lieber erhöht.

Standort Möglichst zentral, dort, wo Katze alles im Blick hat und mitten im Geschehen ist. Günstig, wenn man gleichzeitg aus dem Fenster schauen und sich mit einem Sprung auf die Couch Streicheleinheiten abholen kann. Supertoll, wenn die offene Zimmertür im Blickfeld liegt, um vielleicht auch mitzubekommen, was sich nebenan tut.

Weitere Kratzmöglichkeiten Neben dem Kratzbaum sollte es – je nach Größe Ihrer Wohnung – noch eine oder mehrere »Kratzstellen« geben. Im

Wer möchte hier nicht Katze sein? Der Catwalk mit rutschfesten, sisalbeklebten Brettern lädt zum Springen ein, man kann ausgiebig Krallenpflege betreiben, sich verstecken, klettern und wunderbar entspannen.

Zoofachhandel finden Sie z.B. mit Sisal bespannte, platzsparende Eck-Kratzbretter, aber auch einfache Fußmatten aus Kokosfaser, Maisstroh oder Sisal, die an der Wand oder an einer Schrankseite befestigt sind, erfüllen ihren Zweck. Sehr beliebt sind auch naturbelassene weiche Hölzer wie z.B. Kiefernholz oder eine Holzplatte, die mit Teppichresten oder Sackleinen (Jute) bespannt sind. Je besser das Material sich zerfasern lässt, umso mehr liebt es Ihr Stubentiger, daran zu kratzen.

Zwei Dinge sind beim Anbringen wichtig: Erstens, der Kratzplatz muss so hoch angebracht sein, dass sich die Katze recken und strecken kann, denn bei den »Kratzorgien« wird neben der Krallenpflege und dem Markieren auch ausgiebige Pfotengymnastik betrieben. Zweitens, Katzen kratzen immer wieder an den gleichen Stellen. Ein besonders wichtiger Punkt, um hier sofort wieder die Markierung aufzufrischen, liegt für sie auf dem Weg vom Schlafplatz zum Fressnapf.

Und noch zwei Tipps Der erlaubte Kratzplatz sollte nicht aus ähnlichen Materialien bestehen wie der Wohnzimmerteppich aus Sisal, oder die mit grobem Stoff bespannte Sitzecke, ähnlich wie Jute. Ist die Katze einmal auf einen Untergrund geprägt, kann sie nicht mehr unterscheiden, ob das Kratzen hier nun gestattet oder aber streng verboten ist. Um das Kratzen an verbotenen Stellen »umzuleiten«, können Sie ein Pheromonspray (beim Tierarzt erhältlich) einsetzen. Diese synthetisch hergestellten Geruchsstoffe imitieren den Duft, den Mieze beispielsweise beim Köpfchenreiben als Markierung hinterlässt. Also wird in Zukunft nicht mehr an unerwünschten Stellen gekratzt, sondern höchstens »Köpfchen gegeben«. Wetten, dass dies Ihren Möbel-Antiquitäten oder Ihrer Couch weniger schadet als der Einsatz der Krallen?

»Restaurant« im Haus

Jagen ist harte Arbeit für die Katze, denn natürlich wartet draußen nicht automatisch eine Maus nach der anderen darauf, Miezes Magen zu füllen. Wie angenehm ist es doch für Katzen von heute, einen festen Futterplatz in der Wohnung ihr Eigen zu nennen. Sie erfahren es mit Sicherheit täglich: Kaum fährt der Dosenöffner über den Deckel der Futterdose oder Sie klappern mit der Trockenfutterpackung, kündigen dazu lockend – »Leckeres Futter!« – die Mahlzeit an, rennen ein, zwei oder mehrere Katzengourmets herbei, als würden sie kurz vor dem Hungertod stehen.

Das richtige Geschirr Futternäpfe müssen standfest und leicht zu reinigen sein. Sie bestehen am besten aus Steingut oder Edelstahl, denn Kunststoff kann für Katzen unangenehm riechen. Leben mehrere Katzen im Haus, sollte jede ihren eigenen Napf haben, obwohl befreundete Katzen gern gemeinsam aus einem »Topf« schmausen.

Der beste Platz für den Napf Unsere Minitiger lieben es, wenn sie mit uns auf gleicher Augenhöhe kommunizieren können (→ Seite 44). Doch muss ihr Futterplatz in der Wohnung deshalb auf gleicher

An den **Kratzbaum gewöhnen**

VERLOCKUNG Verleiten Sie Ihren Minitiger mit einem Leckerli in der Hand, zum Kratzbaum zu kommen und hinaufzusteigen.

DUFTNOTE Hinterlassen Sie Ihren Duft auf der Kratzfläche, indem Sie mit den Händen darüberstreichen. Die Katze wird ihren eigenen hinzufügen und so den Baum in Besitz nehmen.

KLETTERPARADIES Natur pur in der Wohnung bieten der Kletterbaum und das Obstkisten-Baumhaus. Vielleicht nicht jedermanns Geschmack aus Menschensicht, doch für Katzen ein reizvolles Angebot. Solch ein Arrangement eignet sich natürlich auch als katzengerechte wetterfeste Einrichtung für den gesicherten Balkon. »Katzenmöbel« müssen nicht teuer sein. Mieze geht es vor allem ums Klettern und den Überblick. Qualitätsurteil aus Katzensicht: sehr gut.

TUNNEL AN DER DECKE Draußen läuft die Katze auf verschiedensten Untergründen wie z. B. Holz, Steinen, Sand, Erde oder Kies. Der Plüschtunnel, an der Decke befestigt, unterbricht die Wanderung auf den Naturbaumstämmen. Im Tunnel ist es weich und warm. Er schaukelt beim Hindurchlaufen ein wenig und vermittelt so das Feeling eines schwankenden Gartenzauns. Ein gutes Gleichgewichtstraining.

FITNESS-CENTER Die gesamte Wohnung ist von Baumpfaden durchzogen. Doch wem dies zu viel Natur und Aufwand ist, kann sich auch tolle Katzenpfade im Fachhandel zusammenstellen.

Ebene wie unserer sein, wie ich schon öfters gelesen habe? Nein, denn das entspricht ganz und gar nicht dem Verhalten der Katze in der Natur. Oder haben Sie schon mal beobachtet, dass eine Katze die Maus erst auf die Gartenmauer »hievt«, bevor sie sie verspeist? Die kleinen Jäger fressen zwar gern ungestört, doch das ist in der Regel ein sicherer Platz auf dem Boden. Wählen Sie für Miezes Futterstelle eine ruhige, ungestörte Ecke. Von 100 Wohnungskatzen haben sicher 99 ihren Fressplatz in der Küche. Gut so, denn hier ist der Bodenbelag pflegeleicht, und Katzen kleckern gern beim Fressen. Viele schütteln Futterstückchen zunächst hin und her, um sie, wie das Beutetier in der Natur, vom Schmutz zu säubern. Eine Gummi- oder Antirutschmatte verhindert, dass der Napf beim Fressen durch die Küche wandert.

Welcher Film läuft denn gerade da draußen? Die schmale Fensterbank wurde durch ein klemmbares Brett aus dem Fachhandel verbreitert.

Verschiedene »Bars«

Wasser ist das richtige Getränk für Katzen. Doch die Geschmäcker sind verschieden. Viele verschmähen frisches Leitungswasser, wahrscheinlich weil es zu viel Chlor enthält. Andere bevorzugen die sprudelnde Katzentränke aus dem Zoofachhandel, und wieder andere lieben es in abgestandener »Qualität«.

Wasserstellen Richten Sie Ihren Samtpfoten verschiedene »Quellen« in der Wohnung ein. Den Wassernapf direkt neben der Futterschüssel lassen die meisten Katzen links liegen. Katzen stillen ihren Durst lieber auf der Wanderschaft.

Platzieren Sie mindestens zwei standfeste Wassernäpfe in der Wohnung – einen am beliebtesten Wanderweg, den anderen z.B. am Fensterplatz.

Ein Zimmerbrunnen zum Trinken, Spielen und Beobachten ist für viele Samtpfoten der Hit. Besonders hoch im Kurs stehen Modelle mit Kugeln, die sich drehen oder bei denen das Wasser über kleine

Katzenhaltung in der **Mietwohnung**

GENEHMIGUNG Die Rechtsprechung ist uneinheitlich, wenn es darum geht, ob eine Katze auch ohne Einwilligung des Vermieters gehalten werden darf. Lassen Sie sich besser dessen Einverständnis geben. Dann sind Sie auf der sicheren Seite.

NACHBARN Durch die Katzenhaltung dürfen die anderen Mitbewohner des Hauses sich nicht gestört fühlen, z.B. bei nachweislich starker Geruchsbelästigung oder wenn die gemeinsame Mülltonne mit benutztem Katzenstreu voll ist.

BALKONSICHERUNG Um einen Balkon mit einem Katzennetz zu sichern, brauchen Sie das Einverständnis des Vermieters. Fassadenveränderungen sind genehmigungspflichtig.

Kaskaden hinabfällt. Als Bepflanzung eignen sich z.B. nicht zu scharfkantige Zyperngras- und Bergpalmenarten. Haben Sie sehr hartes Leitungswasser, sollte es über Kohle gefiltert werden, damit die Wasserpumpe des Brunnens nicht so schnell verkalkt. Zudem: Ein Zimmerbrunnen verbessert das Raumklima und sorgt bei trockener Heizungsluft für ein anliegendes, geschmeidiges Katzenfell. Auch ein Miniteich ist schnell gezaubert: Ein hübscher Terrakotta-Übertopf, nur so hoch, dass sich Mieze am Rand bequem abstützen kann, ein oder zwei Seerosenblüten aus Kunststoff, fertig ist ein pflegeleichter »Teich«, der auch die Wohnung schmückt. Hin und wieder Wasser auffüllen und ab und zu eine Generalreinigung mit heißem Wasser (ohne Reinigungsmittel) – das ist schon alles.

Stilles Örtchen

In Toilettenfragen sind Katzen heikel. Keine Beobachtung durch andere, keine beunruhigenden Geräusche, das Klo-Modell muss gefallen, die Einstreu darf nicht piksen und last but not least – Sauberkeit ist Pflicht. Zwei Toiletten sind besser als eine. Für mehrere Katzen gilt: immer eine Toilette mehr, als Samtpfoten in der Wohnung leben.

Ein guter Platz Toiletten müssen jederzeit zugänglich sein. Platzieren Sie z.B. eine im Bad, die zweite in einer ruhigen Flurecke. Leben Sie auf mehreren Etagen, in jede ein Katzenklo stellen.

Welches Modell? Der Katzengeschmack tendiert zu offenen Modellen. Von hier aus hat Mieze auch bei der »Geschäftserledigung« alles unter Kontrolle. Das Katzenklo muss so groß sein, dass die Katze bequem darin scharren kann, und sollte einen mindestens 20 cm hohen Rand haben. Jungkätzchen und Senioren brauchen Toiletten mit niedrigem Einstieg. Haubentoiletten mit Klappe mögen viele Katzen nicht. In solch einer »Höhle« konzentrieren sich Toilettengerüche, und das ist nichts für feine Katzennasen. Da hilft auch der eingebaute Filter nicht.

Katzenstreu Geruchsfrei, locker und staubfrei sollte sie sein. Ob klumpende oder aufsaugende Streu, ist Geschmackssache. Erkundigen Sie sich beim Abholen Ihrer Katze, welche Streu sie gewöhnt ist.

Auf dem weichen Lammfell genießt der Kater bei geöffnetem, gesichertem Fenster die frische Luft und die aufregenden Geräusche aus der Natur.

Urlaub auf Balkonien

Teilen Sie Ihren Balkon mit Ihren Wohnungskatzen. Frische Luft, faul in der Sonne liegen, Vögel und andere Tiere beobachten, aufregend neue Gerüche – das tut Ihren vierbeinigen Lieblingen gut.

Sicherheit ist oberstes Gebot

Balkone müssen gesichert werden. Zum einen, um einem Absturz vorzubeugen, zum anderen, um Mohrle und Mimi daran zu hindern, einen Ausflug in die Nachbarschaft zu machen. Der Zoofachhandel bietet dazu spezielle Netze. Achten Sie besonders auf die Reißfestigkeit. Zu dünne Netze bieten keinen Schutz, wenn Ihr Minitiger dem vorbeiflatternden Schmetterling nachjagen will und mit voller Wucht gegen das Netz prallt. Das Anbringen eines Katzennetzes auf dem Balkon einer Mietwohnung muss genehmigt werden (→ Tipp, Seite 26).

Das Balkon-Paradies mit Trinkbrunnen, wetterfestem Kratzbaum und Pflanzen, an denen man gefahrlos knabbern darf.

Gestaltungsideen

Orientieren Sie sich bei der Balkongestaltung wie bei der katzengerechten Wohnungseinrichtung immer an den Bedürfnissen der kleinen Jäger und dem, was die Natur und der Handel Ihnen alles bietet. Ihrer Fantasie sind kaum Grenzen gesetzt.

Blick über die Balkonbrüstung Ermöglichen Sie Ihren Samtpfoten z.B. einen Rundgang mit gutem Überblick entlang der Balkonbrüstung. Mit ein paar naturbelassenen Brettern ist der Katzensteg schnell verlegt. Auch Baumstämme, die waagerecht am Geländer befestigt sind, vermitteln Ihren Minitigern einen Hauch von Natur pur. Umwickeln Sie Teile des Stamms z.B. mit Sackleinen oder Baumwollteppichen und einer dicken Kordel. Hier kann man kratzen, dass die Fetzen fliegen.

Kletterbaum und Baumhaus Einen Baumstamm mit einigen Verzweigungen aufrecht in einer Balkonecke z.B. mit Schellen oder dicken Seilen befestigen. Zweige, die nach außen überstehen, entfernen. Steht der Baum nahe der Hauswand, können Sie neben dem Baumgipfel eine »Baumhöhle« aus einer Holz-Obstkiste an der Wand befestigen (→ Foto, Seite 25). Wer keine Selbstbaulösungen bevorzugt, findet im Fachhandel schöne standfeste Kratz- und Kletterbäume aus Naturholz.

Zum Entspannen Hauptsache geschützt und warm. Holz- und Korkfliesen beispielsweise speichern die Wärme, ein alter Korbsessel extra für die Katz, Bretter, die mit Winkelhaken an der Hauswand befestigt sind oder eine wettergeschützte »Höhle« aus Backsteinen und einem schweren Brett als Dach darüber (darf nicht kippen!) – all das animiert zum Relaxen und Träumen.

»Wassergarten« Legen Sie einen kleinen Miniteich auf dem Balkon an, etwa in einer Zinkwanne oder in einem glasierten Keramikgefäß. Der Boden wird mit gewaschenem Kies bedeckt. Die Pflanzen kommen in einen speziellen Pflanzkorb. In einem 40 cm hohen Gefäß mit einem Durchmesser von 60 cm haben z.B. ein Hechtkraut *(Pontederia cordata)*, ein Rohrkolben *(Typha angustifolia)* und Wasserlinsen *(Lemna minor)* Platz. Kleine Brunnen sind in Katzenkreisen ebenfalls beliebt.

Bepflanzter Balkon Pflanzen haben Katzen viel zu bieten: Manche Kräuter wie Katzenminze oder Baldrian lösen Glücksgefühle aus, Katzengras z.B. hilft bei der Verdauung, und im Pflanzendickicht kann man sich toll verstecken. Die auf Seite 22 genannten Pflanzen können Sie auch auf dem Balkon in Kübeln pflegen. Bei Katzen hoch im Kurs stehen außerdem die Kriechende Jakobsleiter *(Polemonium reptans)* und Katzengamander *(Teucrium marum)*, aber auch Lavendel, Thymian und Zitronenmelisse eignen sich für den »Katzenbalkon«. Die Kletterpflanzen Kapuzinerkresse, Zaunwinde oder Wilder Wein sind ebenfalls unbedenklich.

Und noch **mehr Spaß**

TIPPS VON
DER KATZEN-EXPERTIN
Gabriele Linke-Grün

TREPPE Aus unterschiedlich hohen Rundhölzern lassen sich tolle »Treppen« entlang der Hauswand oder des Balkongeländers bauen.

KORKKETTEN Sie sind wetterbeständig und ganz einfach selbst zu basteln. Fädeln Sie dazu Wein- und Sektkorken auf eine Paketschnur auf. Schmücken Sie damit den Kletterbaum.

ZÖPFE Flechten Sie dicke Zöpfe aus Ihren alten ungewaschenen T-Shirts. Dazu einfach Streifen schneiden und alles miteinander verflechten.

ZUM KLETTERN Dicke Taue, waagerecht angebracht, animieren zum Balancieren, senkrecht verankert zum Klettern. Auch Strickleitern (z.B. in Läden für Seglerzubehör) laden zu aufregenden Kletterpartien ein.

ZU HEISS Sorgen Sie an heißen Sommertagen für Schatten, z.B. mit einem Stück Segeltuch, das mit Karabinerhaken am Netz eingehängt wird.

KATZENKLAPPE Sie macht es möglich, dass Ihre Stubentiger zu jeder Zeit wählen können, wo sie sich aufhalten möchten.

DAS HARMONIE-KONZEPT

Die Voraussetzungen für eine glückliche Wohngemeinschaft haben Sie ja bereits mit der katzengerechten Einrichtung geschaffen. Jetzt heißt es aufeinander eingehen und in vollen Zügen genießen ...

Sich gegenseitig respektieren

Einer Katze kann man als Mensch regelrecht »verfallen«. Wir bewundern ihr unabhängiges und eigenwilliges Wesen, ihre Lässigkeit. Uns beeindruckt ihre Eleganz, und wir sind glücklich, wenn sie von sich aus unsere Gesellschaft sucht. Doch oft genug möchten wir die Katze auch nach unseren Vorstellungen erziehen. Sie darf nicht an den Möbeln kratzen, nicht im Bett schlafen, nicht auf dem Tisch laufen. Sie soll immer dann zum Spielen oder Schmusen aufgelegt sein, wenn wir es möchten. Aber so funktioniert eine harmonische Mensch-Katze-Beziehung nicht.

Glücklich auf beiden Seiten Die kleinen Tiger haben nun mal ihren »eigenen Kopf« und Veranlagungen, die sie ausleben möchten. Deshalb müssen wir ihnen Angebote machen und Verträge mit ihnen schließen. Der Kratzbaum ist für die Katze da. Die Möbel dagegen sind als »Krallenwetzstation« tabu. Sie mögen es nicht, wenn Ihr Stubentiger auf dem Tisch herumturnt und mit seiner Nase über Ihr Wurstbrot wandert? Dann »futtern« Sie doch gemeinsam zur gleichen Zeit. Ihre Katze und ihr leckeres Futter im Napf auf dem Boden und Sie am Tisch. Felix soll nicht im Regal klettern, weil dort wertvolle Porzellanfigürchen stehen? Räumen Sie sie doch einfach weg, und gönnen Sie Ihrer Katze ihre Klettertour. Führen Sie feste Spiel- und Schmusezeiten ein. Halten Sie sie dann aber auch tunlichst ein, sonst stellen Sie die Freundschaft mit Ihren Minitigern auf eine harte Probe.

Geben und Nehmen, Toleranz und gegenseitiger Respekt bilden die Grundlagen einer harmonischen Beziehung. Das gilt auch für Menschen und Katzen. Die kleinen Tiger sind sehr anpassungs- und lernfähig. Und wenn wir es richtig anpacken, gehen sie durchaus auf unsere Wünsche ein ...

Spielregeln von Anfang an

Im Zusammenleben mit uns sollten Wohnungskatzen folgendes »Benimmrepertoire« beherrschen:

› Auf ihren Namen hören, wenn wir sie rufen.

› Für »Geschäftserledigungen« ausschließlich die Katzentoilette benutzen (→ Seite 27).

› Herdplatten, Esstisch und Vorhänge sind tabu.

Kletterübungen am Vorhang müssen nicht sein, wenn es einen stabilen Kratzbaum gibt. Hier hilft wohl nur der Strahl aus der Wasserpistole.

› Kratzen ist nur am Kratzbaum, an Kratzbrettern oder Kratztonnen erlaubt, nicht aber an den Möbeln, am Teppich oder den Tapeten (→ Seite 23).

› Ihre Nachtruhe mit ungestörtem Schlaf ist von allen Katzen-Mitbewohnern zu respektieren.

› Ihre Hände und Füße sind kein Beuteersatz und dürfen nicht attackiert werden (→ Seite 46).

Erziehungsregeln

Unsere Miezen sind intelligent und lernen vor allem durch Erfahrungen. Gute werden gern wiederholt, schlechte dagegen möglichst vermieden.

Motivation ist alles Für einen besonders leckeren Happen wie z.B. ein Stückchen gekochte Putenbrust, ein Löffelchen Thunfisch (aus der Dose, im eigenen Saft), Trockenfisch, Trockenfleisch, gefriergetrocknete Shrimps, ein wenig Sahnequark, ein Klacks Vitaminpaste, etwas Käse, ein Käserolli oder gekochten Schinken würden die meisten Katzen (fast) alles tun. Aber auch eine Extra-Spielrunde, die lockende Stimme »ihrer« Menschen oder einfach Aufmerksamkeit bieten oftmals Anreize, etwas Gewünschtes zu machen. Also heißt der erste Grundsatz für die Katzenerziehung: Richtiges Verhalten stets belohnen.

Es gibt keine Ausnahmen Gestern durfte Mieze noch auf dem Tisch laufen, heute wird sie heruntergejagt. Manchmal ist die Schlafzimmertür offen, dann wieder verschlossen. Als Kätzchen durfte Isabella ihre Zähnchen in der Hand ihres Frauchens »versenken«. Heute, als 10-Kilo-Katzendame, wird sie weggestoßen, wenn sie kräftig zubeißt. Das soll verstehen, wer will ... Der zweite Erziehungs-Grundsatz kann also nur lauten: Immer konsequent sein.

Wortwahl Sagen Sie beim Tadeln stets das gleiche Wort bzw. die gleichen Wörter in scharfem Tonfall. Also beispielsweise »Lass das!«, »Nein!« oder »Hör auf!«. Verschiedene Ausdrücke für verbotenes Tun verwirren die Katze. Dritter Erziehungs-Grundsatz: Beim Tadeln immer die gleichen Worte verwenden.

Krallenpflege am Sofa? Hier muss schnellstens ein Kratzbrett oder ein Kratzbaum her, um Miezes Bedürfnisse an erlaubten Plätzen zu erfüllen.

Zusammen mit Frauchen Plätzchen backen und nebenbei naschen. Da kann keine Katze widerstehen. Wer das nicht möchte, muss seine Samtpfote aussperren.

Ablenken statt strafen Es versteht sich von selbst, dass man eine Katze nicht schlägt, ihr auch keinen Klaps mit der Zeitung oder Ähnlichem gibt. Das macht sie ängstlich-scheu oder aggressiv. Besser ist es, Mieze zu erschrecken, wenn Sie sie auf frischer Tat ertappen. Das kann der unvermittelte Strahl aus der Wasserpistole sein oder der Schlüsselbund, der plötzlich neben ihr aufschlägt. Das Gute dabei: Der Schreck kommt für Ihren Stubentiger aus dem »Nichts«, und Sie sind fein raus. Die Katze ist nicht in der Lage, die »Strafe« mit Ihrer Person in Verbindung zu bringen. Vierter Erziehungs-Grundsatz also: Schläge sind tabu.

Weitere »Strafmaßnahmen« Auch ein Zischlaut, der dem Fauchen einer Katze ähnelt, verbunden mit Ihrem erhobenen Zeigefinger, der der drohenden Pfote des Artgenossen gleichkommt, haben eine erzieherische Wirkung. Ebenso das Anblasen ins Gesicht der Katze und sofortiger Abbruch des Spiels, wenn Ihr Rabauke zu wild und grob geworden ist (→ »Störfälle«, Seite 46).

Das richtige Timing Eine Katze für Ihre »böse Tat« im Nachhinein zu strafen ist wirkungslos. Erziehungserfolge erreichen Sie nur, wenn Sie den Übeltäter dabei erwischen, wie er z.B. gerade das Wurstbrot klaut, und die Strafe »auf dem Fuß« folgt. Liegt er aber schon längst wieder auf der Couch und Sie schimpfen ihn erst jetzt für seinen Diebstahl aus, verknüpft er damit nur: »Hier darf ich nicht liegen.«

Das **Namens-Trainingsprogramm**

NAMEN NENNEN Sprechen Sie Ihre Katze so häufig wie möglich mit Namen an.

ANGENEHMES Ihr Liebling sollte nur Positives erfahren, wenn Sie seinen Namen rufen und er herbeikommt. Halten Sie ein Leckerli parat.

TONFALL Bemühen Sie sich um einen zärtlich klingenden und lockenden Tonfall.

Eine gepflegte Unterhaltung

Katze und Mensch – zwei grundverschiedene Wesen, die sich dennoch prima unterhalten können. Die Katze setzt dafür ihre hervorragende Beobachtungsgabe, ihre deutliche Mimik, Körper- und Lautsprache ein. Und wir müssen die Grundlagen der Katzensprache lernen.

Das Katzen-Vokabular

»Miau« in allen Variationen Die Vokabeln der Katzensprache scheinen auf den ersten Blick gar nicht so umfangreich zu sein. Doch inzwischen weiß man, dass z.B. ein »Miau« mehr als 16 verschiedene Bedeutungen haben kann. Aber das finden Sie sicher schnell selbst heraus.

Schnurren Wenn Mieze beim Streicheln brummt wie ein kleiner Motor, dann sind wir glücklich. Diese Töne beruhigen ungemein, und wir wissen, unserem Minitiger geht es gut. Doch auch Katzen, die Schmerzen haben oder deren Tod kurz bevorsteht, schnurren. Man vermutet, dass sich Katzen auf diese Weise selbst beruhigen.

Gurren So werden Menschen und gern gesehene Artgenossen freundlich begrüßt. Auch leise Plaudereien entwickeln sich auf der Basis des Gurrens, wobei die Laute individuell modelliert werden.

Fauchen Durch diesen Droh- und Warnlaut sollen Angreifer abgeschreckt werden.

Knurren Ein bedrohlicher, tiefer Laut, der den Gegner warnen soll. Häufig auch zu hören, wenn z.B. eine Katze der anderen das Futter streitig macht.

Spucken Bei diesem Abschrecklaut wird die Luft so schnell ausgestoßen, dass er wie ein Knall klingt.

1 UMSCHMEICHELN Mit steifem Gang, Flankenreiben und Schwanzanlegen bettelt Alex um Futter. Reicht diese Aufforderung schon?

2 KÖPFCHEN GEBEN Stufe zwei des Futterbettelns ist schon intensiver. Der Hunger nagt. Alex versucht's mit Köpfchenreiben. Das hilft doch in den meisten Fällen.

3 BEGRIFFSSTUTZIG Kann ein Katzenmensch so ignorant sein? Hier hilft nur die Hammerschlagmethode: Nachhaltiges Anstupsen mit der Pfote.

Meckern, Schnattern, Gackern Die halblauten Töne folgen rasch aufeinander. Ihre genaue Bedeutung ist noch ungeklärt. Diese Lautäußerung ist beispielsweise zu vernehmen, wenn die Katze eine unerreichbare Beute – wie etwa einen Vogel vor dem Fenster – sieht.

Kreischen Der helle, hohe Laut ist dann zu hören, wenn die Katze in Panik gerät.

Was die Körpersprache verrät

Gerüche spielen in der Kommunikation der Katzengesellschaft die größte Rolle. Diese Geruchswelt bleibt uns leider weitestgehend verborgen. Doch die ausgeprägte Körpersprache der Minitiger können wir mit etwas Übung gut verstehen.

»Schön, dass du da bist!« Ihr kleiner Tiger »galoppiert« auf Sie zu. Der Körper ist gestreckt, Kopf erhoben, Schwanz hoch aufgerichtet, Schwanzspitze leicht abgeknickt. Er schaut Sie an, die Schnurrhaare sind nach vorne gerichtet. Er begrüßt Sie mit einem freundlichen Maunzen.

»Ich mag dich.« Die Katze reibt ihre Wangen, den Nacken oder die Flanken an Ihnen. Sie versieht Sie dabei mit ihrem Duft, um das Zusammengehörigkeitsgefühl zu festigen. Zuneigung zeigen auch: Gesicht und Hände lecken, Pfote auflegen und Köpfchen geben. Dabei schnurrt die Katze.

»Fang mich doch!« Mieze galoppiert auf steifen Beinen, mit erhobenem Schwanz vor Ihnen her. Sie möchte Sie zum Hinterherlaufen animieren.

»Du bist ungerecht!« Eine »beleidigte« Katze zeigt uns die »kalte Schulter«. Sie sitzt regungslos, vom Menschen abgewandt. Oft macht sie sich für den Rest des Tages unsichtbar.

»Wer will es mit mir aufnehmen?« Imponiergehabe ist in Katzenkreisen weit verbreitet. Bereits junge Kätzchen beherrschen den berühmten »Katzenbuckel« mit gesträubtem Rückenfell, dem »Bürstenschwanz« und durchgestreckten Beinen.

»Hier ist etwas Aufregendes!« Körper gespannt, zuckender Schwanz, Ohren und Schnurrhaare nach vorne gerichtet, erweiterte Pupillen: Mieze lauert.

»Mir geht's nicht gut!« Die Katze kauert in einer Ecke oder sie verkriecht sich. Die Pfoten sind unter den Körper gezogen, der Schwanz liegt eng am Körper an. Oft sind die Augen halb geschlossen, und das dritte Augenlid (die Nickhaut) ist sichtbar.

Erwartungsvoller Blick, Schwanz noch oben gerichtet und leicht abgeknickt: Wann kommt denn endlich der gefüllte Futternapf?

Das Katzen-Unterhaltungsprogramm

Wohnungskatzen sind arbeitslos, denn ihren Jägerberuf können sie nicht ausüben. Viele verbringen den Tag allein, weil ihre Menschen außer Haus arbeiten. Was soll man als Katze bloß mit der üppigen Freizeit anfangen? Wohin also mit der ganzen Energie? Manche »verkommen« zu Sofatigern, werden fett und träge. Andere suchen sich selbst Beschäftigung und zerlegen die halbe Wohnung. Wieder andere protestieren mit Unsauberkeit gegen das langweilige Leben. Also was braucht die Wohnungskatze? Erstens ein Unterhaltungsprogramm, zweitens möglichst einen Katzenpartner.

Spiele für Alleinunterhalter

Natürlich steht das gemeinsame Spiel mit »Oberkatze Mensch« an erster Stelle. Doch immer ist sie ja nicht parat. Aber auch mit katzengerechtem Spielzeug kann man Jagdleidenschaft und Beutefangverhalten – also aufgestaute Energie – ausleben und die Sinne trainieren. Und wer gern »Kopfnüsse« knackt, braucht ein paar Knobel-Aufgaben.

Für Jäger Alles, was sich schubsen lässt und leicht genug ist, um es mit einem Tatzenhieb in die Luft zu befördern, lieben Katzen. Vom Bällchen mit Glöckchen bis zur Fellmaus, vom Wein- oder Sektkorken bis zu rohen Nudeln, Walnüsse mit Schale, leere Filmdosen (mit ein paar Reiskörnern darin) oder ein selbst genähtes Stoffsäckchen, das mit duftender Katzenminze oder Stofffetzen gefüllt ist.

Für Höhlenforscher Der Fachhandel bietet sehr schöne waschbare Spieltunnel an. Aber auch ein langer Karton (z.B. Verpackung eines Regals), in den Sie katzenkörperdicke »Höhleneingänge« schneiden und der halb mit raschelndem Papier gefüllt ist, lädt zu Entdeckungstouren ein. Verstecken Sie ein paar Leckerli im Karton-Tunnel, und schicken Sie Mieze auf »Schatzsuche«. Auch liegende Tongefäße, locker mit Papier gefüllt, eignen sich zum Forschen, ebenso wie jede Art von Körben oder Schachteln.

Für Abenteurer Ein Karton, zur Hälfte mit duftendem Heu oder trockenem raschelnden Laub gefüllt, bringt neue aufregende Düfte von draußen ins Wohnungskatzen-Leben (→ Seite 44).

Für Schlangenliebhaber Die Vorlieben der kleinen Tiger sind verschieden. Manche mögen »Schlangen«. Versuchen Sie es mal mit Luftschlangen – für viele Katzen ein Spiel-Spaß ohne Ende.

Für Tarzan Ein Tau, das von der Decke herabhängt, lädt zum Schaukeln ein. Vor allem junge Katzen lieben die Schwingungen.

Für Geduldige Bälle mit Löchern (Snackball), die mit Leckerli befüllt werden, gibt es im Fachhandel. Wer die Kugel lange genug rollt, kassiert die Belohnung. Aus einem Tischtennisball können Sie selbst

Lieblingsfarbe **Blau**

FARBEN SEHEN Katzen sind in der Lage, Farben zu unterscheiden (→ Seite 9).

DER TEST Blau scheint die Lieblingsfarbe von Katzen zu sein. In 2000 Versuchsdurchgängen der Uni Mainz hatten die Tiere die Wahl zwischen Gelb und Blau, um an ihr Futter zu kommen. 95 Prozent der Miezen wählten Blau.

INTELLIGENZ FÖRDERN Für unterbeschäftigte Wohnungskatzen ist »Gehirnjogging« wichtig, damit sie geistig fit bleiben. Inzwischen gibt es sehr empfehlenswertes Intelligenzspielzeug zu kaufen – wie hier das Futterlabyrinth. Durch die Seitenöffnungen kann Mieze den »Fluss« der Leckerlis steuern. Oder Sie binden zwei Korken mit Bast zusammen, beladen das »Floß« mit einem Leckerli und lassen es in einer Schale mit Wasser schwimmen. Wie löst Mieze das Problem?

GESCHICKLICHKEIT Leckerlis aus einem Glas zu fischen ist mit etwas »Pfotenspitzengefühl« kein Problem. Der Klassiker fürs Training: ein Schuhkarton mit Deckel – gefüllt mit Vogelfedern, Leckerlis, Moosstückchen, Baumrinde oder Laub – und an den Seiten versehen mit runden Löchern zum Pföteln. Um an den geruchsintensiven Inhalt dieser Erlebnis-Box zu kommen, sind Köpfchen und Geschicklichkeit gleichermaßen gefragt.

AUSTOBEN Selbst eine simple Papiertüte kann zum Erlebnisspielzeug werden. Wild in ihr über den Boden rollen, daran knabbern oder sich darin verstecken – ein Eldorado für Selbstunterhalter.

einen Snackball basteln, indem Sie mit einem Teppichmesser ein bis zwei Löcher hineinschneiden.
Für »Katzen-Einsteins« In die Seitenteile eines Schuhkartons unterschiedlich große Löcher schneiden. Im Karton liegen ein Tischtennisball oder Papierbällchen und dazwischen ein Leckerli. Wie geht Ihr Minitiger an diese Aufgabe heran? Versucht er den Deckel abzuheben oder angelt er lieber? In einer großen, flachen Schale mit Wasser schwimmen zwei bis drei »Flöße« aus je zwei zusammengebundenen Weinkorken. Auf einem liegt ein Leckerli. Wie löst Ihr kleines Genie das Problem? In der leeren Klopapierrolle wartet ein leckeres Häppchen. Die Seiten sind locker mit Papier verstopft. Wie schnell knackt Mieze die »Nuss«? Aus einem alten Warenhauskatalog kann man ein tolles Suchspiel für Stubentiger basteln. Legen Sie den Katalog auf den Rücken, falten Sie die einzelnen Seiten zur Katalogmitte hin. Es entstehen Taschen, die wie ein Fächer auseinanderfallen. Verstecken Sie – in unregelmäßigen Abständen – jeweils ein Leckerli zwischen den einzelnen Seiten. Es genügt natürlich, nur einen Teil des Katalogs zu »bearbeiten«. Findet Ihr kleiner Detektiv alle Häppchen?

Spielen mit »Oberkatze Mensch«

Im Zusammenleben mit dem Menschen bleiben Katzen immer Kätzchen. Oberkatze Mensch ist wie Mama. Und wenn Mama endlich Zeit zum Spielen und Schmusen hat, lassen kleine und große Katzen alles »stehen und liegen«. Besonders artgerecht ist eine Spielrunde vor der Abendfütterung (→ Seite 52), denn Katzen draußen jagen vor allem in den frühen Abendstunden. Aufgestaute Energie muss für Wohnungstiger dann abgebaut werden.

Grundregeln für Katzen-Animateure

› »Beute« muss sich immer bewegen. Wenn Sie z.B. die Katzenangel (→ Bild links) einsetzen, dürfen Sie sie nicht einfach der Katze vor die Nase halten. Spannung aufbauen heißt die Devise.
› Motivieren Sie Ihre Samtpfote mit aufmunternder, lockender Stimme.
› Lassen Sie beispielsweise Spiele mit Lichtpunkten, wie etwa mit dem »Fun Light« (→ rechts) oder mit der Taschenlampe, in einem Erfolgserlebnis für Mieze enden, sonst ist sie frustriert.

Vor allem junge Katzen lieben das Schwingen am Seil. Fürs Hochklettern und Abspringen sind die dicken Knoten im Tau wichtig.

»Cat Activity Fun Board« – der ultimative Katzenspaß. Fünf unterschiedliche Module stellen Mieze jeweils vor eine andere Aufgabe.

Dieser selbstgebastelte »Vergnügungspark« hat es in sich. In den locker mit Papier verstopften Rollen finden kleine Schatzgräber auch schon mal ein Leckerli.

› Katzen sind begeistert, wenn sich ihr Mensch auf Augenhöhe mit ihnen befindet. Begeben Sie sich also hin und wieder zum Spielen auf den Boden.

Lauter Lieblingsspiele

Diese kleine Spielesammlung hat es in sich. Probieren Sie sie doch einfach mal mit Ihren Katzen aus:

Katzenangel Hier bietet der Zoofachhandel allerhand Tolles: Federbüschel, Bänder oder Stoffmäuschen »tanzen« an der Angel. Sehr interessant, der Cat-Dancer, ein Spielzeug aus den USA: An einem Draht sind Pappröllchen befestigt. Wird der Draht bewegt (durch Mensch oder Katze), ist Miezes Jagdleidenschaft sofort geweckt. Eine tolle Angel gibt es unter dem Namen »Da Bird« zu kaufen. An einer dünnen, langen Schnur hängen Federn mit kleinen Gewichten. Beim Schwingen flattert der »Vogel« in unvorhersehbare Richtungen. Katzenangeln können Sie auch selbst basteln: Ein biegsamer Zweig, eine Gummischnur, an deren Ende ein Papierbällchen, ein Korken oder ein Fellmäuschen baumelt – fertig. Lassen Sie die »Beute« z.B. unter einer Decke wandern oder sich vom Boden auf das Sofa schlängeln.

Hinweis Katzenangeln nach dem Spiel wieder wegräumen. Katzen verschleppen sie gern und können sich an der Schnur erwürgen.

Lichtspiele Lichtpunkte fangen – ein Spiel zum Austoben. Mithilfe einer Taschenlampe oder eines Taschenspiegels, der die Sonnenstrahlen einfängt, können Sie Lichtpunkte durch das Zimmer laufen lassen. Die Strahlen des sogenannten »Laserpointers« sind nicht ungefährlich. Bei Direkteinstrahlung ins Auge kann er Netzhautschäden bei Tier und Mensch verursachen. Ungefährlich dagegen ist das »Fun Light« (aus dem Zoofachhandel). Lenken Sie den Lichtpunkt zum Spielende immer auf etwas »Greifbares« wie etwa die Sisalmaus auf dem Boden, damit Ihr Liebling ein Erfolgserlebnis hat.

Katzensquash Für Katzensportler werfen Sie Gummibällchen an die Wand, und Ihre Samtpfoten müssen sie fangen. Vorsicht, für Jungkatzen und Senioren wird das Spiel schnell zu anstrengend!

Papierflieger Erinnern Sie sich noch, wie man Papierflieger bastelt? Lassen Sie sie für Ihre kleinen Tiger durch die Luft segeln. Auch Vogelfedern, die Sie von einem Spaziergang mitgebracht haben, animieren, den »Vogel« zu fangen (→ Seite 44).

Manege frei Vielleicht sind Ihre Katzen geborene Show-Talente, die so gern im Mittelpunkt stehen, dass sie auf Kommando kleine Kunststücke zeigen? Nutzen Sie die natürlichen Fähigkeiten Ihrer Samtpfoten und ihre kleinen Schwächen für Leckerbissen. Zwingen Sie Mieze nicht zum Üben, und trainieren Sie vor dem Füttern mit ihr. Nach dem Füttern macht sie lieber ein Nickerchen. Zwei wichtige Voraussetzungen, um zu trainieren, sind: Die Katze muss auf ihren Namen hören (→ Seite 33), und sie sollte das Kommando »Sitz« befolgen.

Um das Sitzen zu üben, begeben Sie sich am besten auf den Boden zu Ihrer Katze oder Sie setzen sie auf einen Tisch (es muss ja nicht der Esstisch sein). Sie sitzen vor der Katze und halten in einer Hand ein Leckerli. Erwartungsvoll hat sie wahrscheinlich von sich aus die Sitzposition eingenommen. Halten Sie ihr nun den Leckerbissen vor die Nase. Sie erhebt sich, um daran zu schnüffeln. Jetzt den Leckerbissen über Miezes Kopf zwischen den Ohren hindurch nach oben bewegen. Katze setzt sich wieder. Während dieser Handlung das Kommando »Sitz« geben und ihren Namen sagen. Erst dann gibt' s das Leckerli. Natürlich funktioniert das nicht von heute auf morgen. Geübt wird, solange Mieze Lust dazu hat.

Auch der Sprung von Stuhl zu Stuhl auf Kommando macht vielen Katzen Spaß. Dazu zwei Stühle mit rutschfester Auflage 50 cm weit voneinander entfernt aufstellen. Hocken Sie sich hinter einen Stuhl, mit einem leckeren Happen für die Katze »bewaffnet«. Locken Sie sie etwa mit den Worten »Hm, Leckerli, Hopp!«. Springt Mieze auf den Stuhl, bekommt sie ihren Belohnungshappen. Diese Übung mehrfach wiederholen. Sitzt die Übung, gehen Sie hinter dem gegenüberstehenden Stuhl in die Hocke. Locken Sie Mieze nun mit Ihrer Stimme und dem Kommando »Spring!«. Lassen Sie gleichzeitig die Katzenangel »tanzen«. Springt die Katze, ist natürlich eine Belohnung fällig. Festgelegte Übungszei-

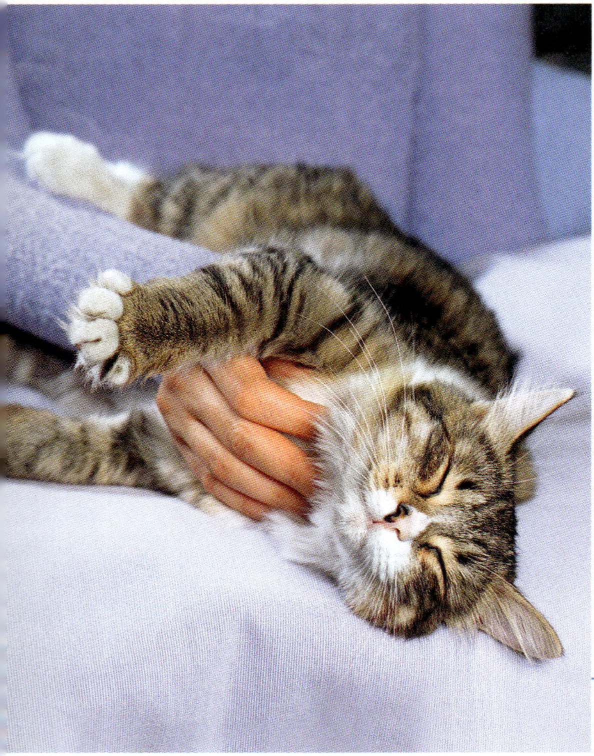

Das tut gut! Jerry genießt das Brustkraulen mit geschlossenen Augen und »Dauerschnurren«.

ten wird es wahrscheinlich nicht geben, denn wenn Mieze keine Lust mehr hat, hilft auch jeglicher Leckerli-Bestechungsversuch nichts mehr.

Clicker-Training Es ist schon seit einiger Zeit in Mode. Mit dieser Methode können Sie Ihrer Katze Kunststückchen beibringen bzw. erwünschtes Verhalten erzielen. Die Katze wird dabei mithilfe des Knackens eines Metallfrosches »konditioniert«. Vereinfacht ausgedrückt: Immer wenn sie etwas Gewünschtes tut, lassen Sie den Frosch knacken, und Katze erhält eine Belohnung, so lange, bis in ihrem Gehirn verankert ist: »Knack« = richtig gemacht = Belohnung (→ Bücher, Seite 62).

Jetzt machen wir es uns gemütlich

Genug gespielt, genug getobt, genug geübt. Und nun? Vorausgesetzt Ihre Stubentiger sind der gleichen Meinung: dann ist jetzt Wellness angesagt.

Streicheln und Kraulen Auf jedem Quadratmillimeter Katzenhaut wachsen bis zu 200 Härchen. Jede einzelne Haarwurzel ist von empfindlichen Nervenzellen umgeben. Kein Wunder also, dass selbst leichte Berührungen der Katze »unter die Haut« gehen und ihr ein Glücksgefühl verschaffen. Die meisten Katzen lieben Streicheleinheiten, erinnern sie sie doch an ihre Kinderzeit, als Mama ihnen fürsorglich über das Fell leckte. Und im Zusammenleben mit uns Menschen bleiben auch erwachsene Miezen immer Kinder, die sich mit Wonne von »Mama« streicheln lassen – vorausgesetzt, Sie streicheln richtig. Und das ist gar nicht so einfach, wie es sich anhört.

› Immer in Wuchsrichtung des Fells, nicht gegen den »Strich« streicheln.

› Mit der flachen Hand und mit leichtem Druck über das Fell fahren, nicht mit »spitzen« Fingern punktuell in die Haut pieksen.

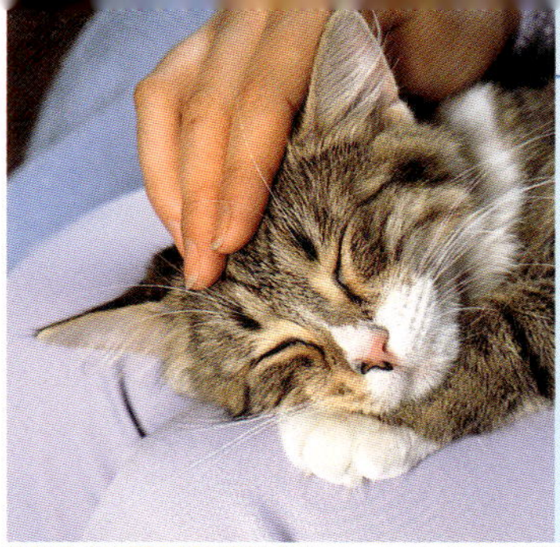

1 Sanfte Massage am Kopf, zwischen den Ohren. Jerry liebt diese Art der Berührung. Völlig entspannt begibt er sich unter Frauchens sanfte Finger.

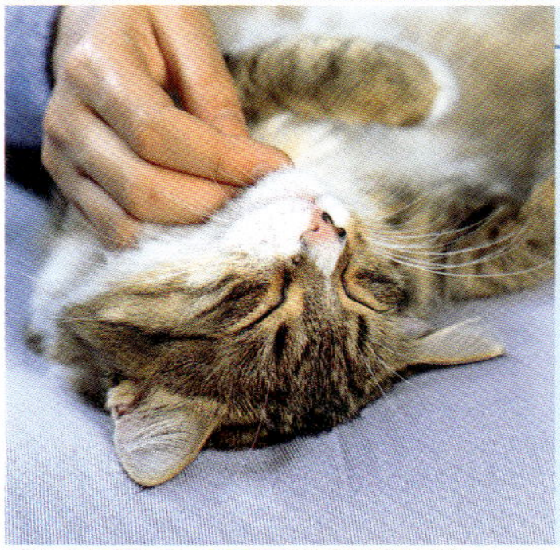

2 Katzen mögen es besonders gern, wenn sie zart unter dem Kinn massiert werden. Jerry ist geradezu süchtig nach dieser Art des Kraulens.

3 Ohren sanft von der Wurzel bis zur Spitze »kneten«. Probieren Sie aus, was Ihre Katze dazu meint. Jerry jedenfalls ist davon mehr als begeistert.

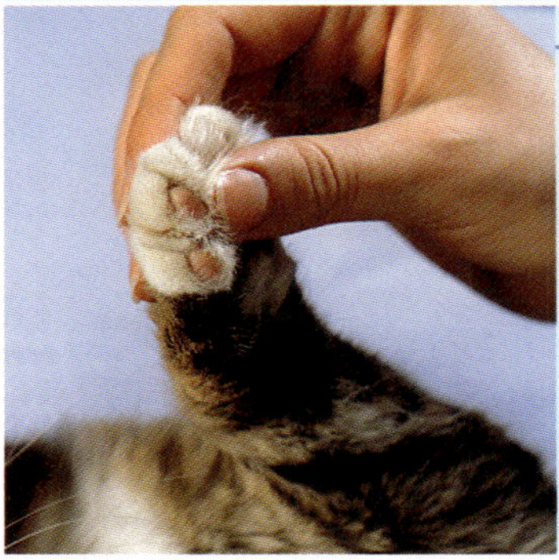

4 An den Ballen sind Katzen besonders empfindlich. Aber an einer sanften Pfotenmassage mit zwei Fingern kann Mieze Gefallen finden.

› Mit den Fingerkuppen langsam sanfte Bahnen durch das Fell ziehen.
› Mit kleinen kreisenden Bewegungen der Fingerkuppen Mieze an der Stirn, unter dem Kinn, hinter den Ohren und zwischen den Schultern kraulen.
› Vorsicht an der Bauchregion! Hier sind viele Katzen sehr empfindlich und wehren sich reflexartig mit treten, kratzen oder beißen.
› Wenn Ihr Minitiger wohlig schnurrt, dann ist alles in Ordnung. Katze und Mensch entspannen übrigens gleichermaßen dabei.

Hinweis Zwangsverwöhnen lieben Katzen jedoch gar nicht. Selbst wenn Minka gerade eben noch gestreichelt werden wollte, hat sie jetzt vielleicht schon genug davon. Die Schwanzspitze zuckt leicht oder schon heftig hin und her, die Pupillen sind geweitet, die Ohren zur Seite gedreht. Achtung! Wer diese Signale übersieht, kann gebissen werden.

Massagen Aus eigener Erfahrung wissen wir, dass sanftes Kneten Verspannungen löst, Muskeln lockert, den Blutkreislauf anregt und den Stoffwechsel stimuliert. Auch viele Katzen genießen Massagen, wenn sie »fachgerecht« durchgeführt werden (→ Fotos, Seite 41). Probieren Sie doch einmal aus, ob Ihre Minitiger Anhänger von Körper-, Ohren- und Pfotenmassagen werden oder sie solch ein »Verwöhnprogramm« abrupt beenden.

Massieren Sie Mieze mit den Fingerkuppen vom Nacken bis zur Schwanzwurzel durch sanfte kreisende Bewegungen entlang der Wirbelsäule. Streichen Sie mit der flachen Hand und leichtem Druck über den gesamten Körper. Die Ohren werden leicht mit den Fingern von der Ohrwurzel bis zur Spitze geknetet, ebenso die Pfoten vorsichtig zwischen den Sohlenballen.

Hinweis Therapeutische Massagen wie z.B. Akupressur oder Tellington-Touch können sogar Heilungsprozesse bei Krankheiten fördern. Doch hier sollten Sie sich von einer Fachfrau/einem Fachmann unterrichten lassen. Falsche Handgriffe können eher schaden als nutzen.

Was sonst noch guttut

Kleine »Schmusekissen« stehen bei Katzen hoch im Kurs, besonders dann, wenn sie nach Katzenminze, Baldrian, Vanille, Melisse, Lavendel oder Basilikum riechen. Auch Ihre alte getragene Socke kann zum Lieblingskuschelobjekt mutieren, duftet es doch nach »Mama« (→ Tipp, Seite 29).

Altbekannt, aber wirkungsvoll ist ein Aquarium mit Fischen, z.B. einem kleinen Schwarm pflegeleichter Guppys, als Entspannungs- und Unterhaltungstherapie für Katze und Mensch. Es versteht sich von selbst, dass das Aquarium gut abgedeckt sein muss, damit Ihre Minitiger nicht zu »Fischjägern« werden (→ Foto, Seite 46).

Energiespiralen, Heilsteine und Salzsteinlampen sollen »Wohlfühlenergie« im Raum erzeugen und sich wohltuend auf Mensch und Tier übertragen. Wer daran glaubt, sollte es ausprobieren. Vielleicht werden Schmusezeiten so noch schöner ...

Leise **Musik** zum **Entspannen**

ZARTE KLÄNGE Viele Katzen mögen leise Musik. Inzwischen gibt es CDs mit Musik für Katzen. Die zarten Klänge sollen beim Träumen begleiten.

EINFACH MAL REINHÖREN Unter dem Suchbegriff »music for cats and friends« finden Sie die Anbieter im Internet. Machen Sie sich selbst ein Bild. Nehmen Sie und Mieze eine Klangprobe.

Gemeinsam Urlaub machen?

Unsere Vorstellung von einem schönen Urlaub sieht in etwa so aus: raus aus dem Alltag, weg von daheim, neue Eindrücke sammeln, endlich etwas erleben. Katzen sind eher der Meinung: Zu Hause ist es am schönsten, und was anderes will und brauche ich nicht. In dieser Beziehung werden Katzen und Menschen wohl nie auf einen Nenner kommen. Wenn Sie nicht auf Ihren Urlaub verzichten wollen, müssen Sie sich rechtzeitig um eine Urlaubsvertretung bemühen. Doch Jungkätzchen sollten Sie in den ersten Wochen nach ihrem Einzug noch nicht in die Obhut fremder Hände geben, sondern Ihre Ferien zusammen mit ihnen daheim verbringen.

Cat-Sitter Freunde, Bekannte oder Verwandte erklären sich vielleicht bereit, Ihre erwachsenen Katzen zweimal täglich zu füttern und mit ihnen zu spielen. Unter der Aktion »Nimmst du mein Tier – nehme ich dein Tier« bietet der Deutsche Tierschutzbund Kontakte zwischen Personen an, die auf privater Basis die gegenseitige Betreuung ihrer Tiere übernehmen wollen (→ Adressen, Seite 62). Von Vorteil ist es, wenn Ihre Urlaubsvertretung und die Katzen sich bereits kennen. Geben Sie Ihrem »Pflegepersonal« genaue Instruktionen. Hinterlassen Sie für den Notfall die Adresse des Tierarztes und Ihre Handynummer oder die Telefonnummer an Ihrem Urlaubsort.

Katzenpension Erstaunlicherweise kommen viele Miezen in einer gut geführten Katzenpension prima zurecht. Möglicherweise, weil es hier so viel gibt, was daheim fehlt, aber gelangweilte Stubentiger eigentlich brauchen: Zum Beispiel einen »Spielplatz nach Katzenart« mit tollem Kletterbaum, »Catwalk« und katzengerechtem Spielzeug. Voraussetzung für den Aufenthalt in der Katzenpension ist natürlich ein guter Impfschutz (→ Seite 56).

Gemeinsam spazieren gehen?

Es gibt spezielle Katzenleinen mit Brustgeschirr zu kaufen. Auf den ersten Blick scheint der Spaziergang mit der angeleinten Katze die ideale Lösung zu sein, um Wohnungskatzen noch mehr Lebensqualität zu bieten. Es soll Katzen geben, die solche Spaziergänge genießen, wenn sie von klein auf an Leine und Geschirr gewöhnt wurden. Aber Katzenart, wie ein Hund »bei Fuß« zu gehen, ist es wahrlich nicht. Keinesfalls möchte ich einem kleinen Haustiger die Chance nehmen, seine Umwelt draußen mit allen Sinnen erfahren zu dürfen. Doch bringt es den kleinen Jägern wirklich etwas, wenn sie die Leine spüren und feststellen, dass ihre Freiheit eingeschränkt ist? Schadet es nicht sogar eher, sie mit Eindrücken zu »überfluten«? Fragen, die nur die Katze beantworten kann. Aber nach allem, was wir von ihr wissen, fühlt sie sich auch in einem spannenden Wohnungsrevier äußerst wohl.

Geheimnisvoll und unergründlich wirken Katzen auf viele Menschen. Doch wer mit Samtpfoten lebt, weiß bald genau, was in ihnen vorgeht.

Freundschaft pflegen

»Kleine Geschenke erhalten die Freundschaft«, besagt ein altes Sprichwort. Schenken Sie deshalb Ihren anspruchsvollen Stubentigern Aufmerksamkeit und Rücksicht, und Sie werden dafür Einiges zurückbekommen.

Tut gut

- + Halten Sie Ihrer Katze vor dem Streicheln die Hand zur Duftkontrolle hin.
- + Schaffen Sie Situationen, in denen Sie Mieze auf Augenhöhe begegnen. So kann sie Ihnen ganz nahe sein und Sie von Nase zu Nase begrüßen.
- + Alltagsroutine vermittelt Katzen ein Gefühl von Sicherheit. Führen Sie deshalb feste Rituale im Umgang mit Ihren Stubentigern ein.
- + Mitbringsel von draußen wie Federn, Tannenzapfen, Kastanien, Eicheln, ein Stück Treibholz, ein Blumenstrauß aus Gräsern oder kleine Rindenstückchen riechen für Wohnungskatzen aufregend nach »großer, weiter Welt«.

Besser nicht

- − Gegen ihren Willen festgehalten oder zu etwas gezwungen zu werden hassen alle Katzen. Das zerstört Vertrauen, und kann für Sie sehr schmerzhaft enden.
- − Ein hoher Geräuschpegel wie etwa laute Musik, Hundegebell, ständiges Türenschlagen oder lautstarke Streitereien sind Katzen ein Gräuel.
- − Verzichten Sie auf Möbelrücken oder Renovierungsarbeiten, wenn die Katze sich noch nicht bei Ihnen eingelebt hat. Denn das bereitet zusätzlichen Stress.
- − Manche Gerüche, die wir als angenehm empfinden, wirken auf Katzen abschreckend, wie etwa Duftlampen mit Orangen-, Zitronen- oder Grapefruitöl.

»Störfälle« im Zusammenleben

Hier nur einige Situationen, die das Zusammenleben belasten können. In der Regel handelt es sich dabei um Missverständnisse bzw. Fehler, die wir im Umgang mit Mieze gemacht haben.

Unsauberkeit

Mohrchen hat bis vor zwei Wochen regelmäßig ihr Klo benutzt. Plötzlich hinterlässt sie ihre Geschäfte auf dem Teppich. Was kann der Grund dafür sein?

Ursachen Hier ist Detektivarbeit angesagt. Lassen Sie zunächst vom Tierarzt abklären, dass Mohrchen nicht krank ist. Häufig ist eine Blasenentzündung der Grund für Unsauberkeit. Weitere Möglichkeiten sind: Das Klo ist unsauber. Oder Mohrchen konnte nicht zum Klo und hat in ihrer Not den weichen Teppich benutzt. Das fand sie gar nicht so schlecht und ist nun auf diesen Untergrund geprägt. Oder sie wurde z.B. durch einen Knall oder den Staubsauger erschreckt, als sie gerade auf dem Klo saß. Vielleicht haben Sie die Katzenstreu gewechselt, und Ihrer Katze passt das gar nicht? Haben Sie versucht sie einzufangen, als sie auf der Toilette saß? Auch das quittieren Katzen sehr nachhaltig. Ebenso kann Protest ein Grund für die Unsauberkeit sein. Fühlt sich Mohrchen vernachlässigt, ist sie eifersüchtig, gelangweilt oder zu viel allein? Haben sich Miezes Lebensumstände verändert, beispielsweise durch einen neuen Menschen in der Wohnung, einen neuen Artgenossen oder ein anderes Heimtier?

Lösungsvorschlag Reinigen Sie zunächst den Teppich gründlich mit Mitteln, die weder Essig noch Ammoniak oder Alkohol enthalten. Versuchen Sie die Ursache herauszufinden und sie zu beseitigen, z.B. das Katzenklo regelmäßig zu reinigen oder zur gewohnten Einstreu zurückzukehren. Hilft alles nichts, holen Sie sich fachlichen Rat bei einem Tierarzt für Verhaltenstherapie.

Unsauberkeit kann viele Gründe haben. Wenn der Tierarzt eine Krankheit ausgeschlossen hat, ist sorgfältige Ursachenforschung angesagt.

Kratzen und beißen

Kater Paulchen liebt wilde Spiele über alles. Er legt sich auf den Rücken und will dann mit der Hand hin- und hergeschüttelt werden. Plötzlich fährt er die Krallen aus oder beißt.

Ursache Paulchen übersieht in seinem Jagdeifer, dass die Hände kein Beuteobjekt sind. Wahrscheinlich kennt er dieses Beutespiel von klein auf.

Lösungsvorschlag Beenden Sie das Spiel sofort. Geben Sie einen Schmerzlaut wie etwa »Au!« von sich. Lassen Sie ihn in Zukunft besser z.B. eine Stoffmaus an der Schnur, die Sie vor ihm herziehen, erbeuten oder setzen Sie die Katzenangel ein.

»Tabuplätze«

Der Lieblingsplatz der beiden Katzen Maunz und Emma ist der Esstisch. Wie kann man dies den beiden verleiden?

Ursache Leckere Menschenkost, mit dem Menschen auf Augenhöhe sein oder einfach nur Neugierde und Mit-von-der-Partie-Sein verführen Katzen oft dazu, auf dem Tisch zu »tanzen«.

Lösungsvorschlag Die erste Regel ist: Alles wegräumen, was in Versuchung führt. Wenn Sie außer Haus sind, können mehrere Streifen doppelseitiges Klebeband, an den Tischrändern aufgeklebt, helfen. Katzen verabscheuen klebrige Pfoten.

Viele Wohnungskatzen leiden unter Langeweile. Die Folge, ähnlich wie bei uns: eine gestörte Psyche. Solch ein Aquarium sorgt für Unterhaltung. Ob es die Fische ebenfalls genießen, sei dahingestellt.

Die Katzen vertragen sich nicht

Kater Lionel ist mit seinem »Herrchen« zu dessen Freundin, ebenfalls Katzenbesitzerin, gezogen. Maja, die 3-jährige Kätzin, mag den Kater überhaupt nicht. Wenn er in ihrer Nähe ist, faucht sie ihn an und »verhaut« ihn. Lionel ist ganz verängstigt.

Ursachen Die Situation ist für beide Katzen schwer. Lionel hat sein Heim und seine gewohnte Umgebung verloren, und er muss sich außerdem mit Maja und dem neuen »Frauchen« auseinandersetzen. Maja ist außerdem sehr dominant. Maja wiederum soll plötzlich ihr Wohnungsrevier mit einem fremden Artgenossen und einem fremden Mensch teilen, obwohl sie vorher uneingeschränkte Aufmerksamkeit durch »Frauchen« genossen hat.

Lösungsvorschläge In diesem Fall sollte man das Aneinandergewöhnen noch einmal von vorn beginnen. Halten Sie die beiden Katzen eine Zeit lang in getrennten Räumen. Reiben Sie jede Katze mit einem Tuch ab, besonders dort, wo die Duftdrüsen sitzen, nämlich an Wangen, Kinn und am After. »Übertragen« Sie den Geruch des einen durch Abreiben mit dem Tuch des anderen. So können sich die Katzen langsam an den Geruch des anderen gewöhnen. Befreundete Katzen versehen sich durch »Köpfchengeben« mit einem Gruppengeruch. Eine synthetisch hergestellte Pheromonlösung, als Spray oder Diffusor für die Steckdose (vom Tierarzt), hilft, diesen Gruppengeruch zu imitieren und für Entspannung zu sorgen. Auch Bachblüten können helfen, wie etwa die Notfalltropfen »Rescue Remedy« für Stresssituationen. Die nächste »erste« Begegnung zwischen Lionel und Maja sollte unter Aufsicht bei gemeinsamer Fütterung in einem Zimmer stattfinden. Näpfe zunächst weit auseinander, dann immer näher zusammenstellen. Klappt das gut, ist die erste Hürde genommen.

Von Katzen **lernen**

TIPPS VON
DER KATZEN-EXPERTIN
Gabriele Linke-Grün

KATZENGYMNASTIK Ausgiebiges Recken und Strecken oder einen Katzenbuckel machen. Das sind z.B. Übungen, die Sie sich von der Katze abschauen und nachmachen können. »Fit durch Katze« heißt dieses Trainingsprogramm.

GENAU BEOBACHTEN Katzen lernen unter anderem durch genaues Beobachten z.B. das Öffnen von Türen. Auch wir sollten manchmal besser »zweimal« hinschauen.

GEREGELTER TAGESABLAUF Für Katzen eine Selbstverständlichkeit. Das muss nicht langweilig sein. Alltagsroutine kann Ruhe und Kraft geben.

UNABHÄNGIG Obwohl sich Katzen ihren Menschen oft eng anschließen, bleiben sie sich selbst treu. Eine Eigenschaft, die viele von uns bewundern, aber selbst nicht praktizieren.

TRÖSTERIN IN DER NOT Obwohl Katzen gern ihre eigenen Wege gehen, sind sie immer dann zur Stelle, wenn es uns schlecht geht. Bessere Seelentröster sind kaum zu finden. Eine wunderbare Basis für eine lebenslange Freundschaft.

RUNDUM GESUND

Mit dem richtigen Futter, sorgfältiger Pflege und umsichtiger Gesundheitsvorsorge runden Sie das Wohlfühlprogramm für Ihre Samtpfote ab. Das Ergebnis: glänzendes Fell, schlank und putzmunter.

Frische Mäuse ausverkauft!

Mäuse gehören bekanntermaßen zur Leibspeise von Katzen. Sie bieten den Minitigern ein ausgewogenes »Komplettmenü«. Ihr Fleisch liefert tierisches Eiweiß, Fett und Vitamine. Knochen und Blut enthalten Mineralien. Der Mageninhalt besteht aus vorverdautem Getreide und Pflanzenteilen, die den Katzenkörper mit Kohlenhydraten, pflanzlichen Fettsäuren und weiteren Mineralien versorgen. Wohnungskatzen allerdings machen die Bekanntschaft einer Maus höchstens einmal im Keller. Welche Ersatzkost ist also für die gesunde Ernährung unserer Wohnungstiger zu empfehlen?

Fertigfutter oder Selbstgekochtes?

Bei dieser Frage scheiden sich die Geister. Die einen plädieren uneingeschränkt für Fertigfutter, die anderen für selbst zubereitete Katzenkost. Ich meine, der gesunde Mix macht's.

Aber frische Mäuse müssen heutzutage nicht mehr auf dem Katzen-Speiseplan stehen. Es gibt hochwertiges Fertigfutter, das der »Mäusezusammensetzung« durchaus gerecht wird, und es gibt die Möglichkeit, seinen Wohnungstigern regelmäßig eigene, gesunde und schmackhafte Kreationen zu servieren (→ Seite 53).

»Supermarkt« für Fertignahrung

Das Angebot ist fast unüberschaubar. Katzen-Fertigfutter gibt es in schier allen Variationen. Ob als Nass- oder Trockenfutter, als Premiumfutter, ob für Jungkatzen, aktive Katzen, trächtige Katzen, Senioren oder kranke Tiere. Und was sagt Katze dazu? Ganz einfach: Schmeckt mir oder schmeckt mir nicht. Aber Mieze kann sich nicht allein auf ihren Geschmack verlassen, denn auch Futter, das ihr gar nicht guttut, kann lecker sein (→ Seite 50).

Liebe geht durch den Magen

An dieser Stelle ein kleiner Leitfaden für die Auswahl von hochwertigem Fertigfutter.

Etikett genau studieren!

Hochwertiges Futter Je kleiner die vom Hersteller empfohlene Tagesfuttermenge auf dem Etikett, umso hochwertiger und energiereicher ist das Futter (→ Seite 52). Je detailierter die Angaben der Zusammensetzung sind, umso durchschaubarer wird der Inhalt. Haupteiweißlieferant sollte Muskelfleisch z.B. von Rind, Huhn, Lamm oder Wild sein, das an den ersten Stellen der Zutatenliste genau bezeichnet ist. Ein hoher Anteil von tierischem Eiweiß (Protein) spricht für gute Qualität. Bei Trockenfutter auf den Wortlaut bei der Angabe der Fleischsorte achten, etwa ob es »getrocknetes Huhn« oder »Hühnerfleischmehl« heißt. Das bedeutet, dass das Fleisch vor der Beifügung zur Futtermischung getrocknet und dann erst gewogen wurde. Diesen Prozentangaben können Sie vertrauen. Lesen Sie dagegen auf der Packung lediglich »Hühnerfleisch« mit einer hohen Prozentangabe, handelt es sich um eine »Mogelpackung«. Das Fleisch wurde vor dem Trocknen gewogen, danach verringert sich das Gewicht enorm. Der tatsächliche Fleischanteil im Trockenfutter ist also sehr gering. Hochwertige Fette wie beispielsweise Sonnenblumenöl oder Geflügelfett sollten ebenfalls deklariert sein. Natürliche Antioxidantien, also »Haltbarmacher«, sind zum Beispiel Vitamin C oder E. Künstliche Konservierungsstoffe können Krebs fördern. Der pflanzliche Anteil im Futter beträgt nicht mehr als 10 % und besteht aus gut verdaulichem Getreide wie beispielsweise Reis.

Trinkbrunnen stehen bei vielen Katzen hoch im Kurs. Das Modell sollte standfest und leicht zu reinigen sein. Achten Sie auf leise Pumpgeräusche.

Minderwertiges Futter Je größer die empfohlene Futtermenge auf dem Etikett, desto schlechter ist die Qualität. Unter der Bezeichnung »Tierische Nebenerzeugnisse« verbergen sich vor allem minderwertige Schlachtabfälle wie etwa Därme, Euter, Fell und Knochen. »Pflanzliche Nebenprodukte« bedeuten kostengünstige Füllstoffe wie Soja, Getreideabfälle etc. Enthält das Futter einen hohen pflanzlichen Anteil und damit zu viel Kohlenhydrate, ist es für eine gesunde Katzenernährung nicht zu empfehlen. Der Katzenkörper kann es nicht verwerten. Ein hoher Pflanzenanteil begünstigt Nierenleiden, Leberschäden und Harnsteinbildung. Katzen brauchen in erster Linie energiereiches Futter, also hochwertiges tierisches Eiweiß. Doch warum fahren so viele Katzen auf minderwertiges Futter ab? Ganz einfach: Zucker, Karamell, Aroma- und Geschmacksstoffe »übertölpeln« Miezes Geschmacksempfinden. Zucker und Karamell schaden zudem dem Organismus und verursachen Zahnprobleme.

Hinweis Der Zoofachhandel bietet hochwertiges Premiumfutter an. Auch wenn es auf den ersten Blick teuer erscheint, lohnt sich die Ausgabe: Die Katze braucht weniger Futter, sie bleibt gesünder, und die Häufchen im Katzenklo sind wesentlich kleiner. Unterm Strich ist also hochwertiges Futter gar nicht teurer als Billigfutter.

Feucht- oder Trockenfutter?

Ob Feucht- oder Trockenfutter, vollwertige Katzennahrung muss als »Alleinfutter« ausgewiesen sein. Beide Futterformen haben Vor- und Nachteile. Feuchtfutter enthält 70 bis 80 % Wasser und versorgt somit den Katzenkörper auch mit Flüssigkeit. In der geschlossenen Verpackung ist es lange haltbar, im Napf dagegen verdirbt es schnell. Trockenfutter enthält Nährstoffe in konzentrierter Form, ist leicht zu handhaben und im Napf haltbarer als Feuchtfutter. Sein Wassergehalt beträgt nur etwa 10 %. Damit es nicht zu Nieren- und Blasenkrankheiten kommt, muss die Katze viel trinken.

BARF – Katzen **artgerecht** ernähren

FUTTERTIERE Das kleine Raubtier Katze wird mit rohem Muskelfleisch und Futtertieren wie etwa Zuchtmäusen oder Eintagsküken ernährt. Die Futtertiere werden entweder ganz, in größeren Stücken oder durch den Wolf gedreht angeboten. Erfahrungen von Tierärzten belegen, dass sich Krankheiten durch die Rohfütterung lindern oder gar vermeiden lassen (→ Bücher, Seite 62).

Die raue Zunge ist ein wichtiges Werkzeug. Sie dient als Schöpflöffel beim Trinken, kann Fleisch von Knochen abschaben und das Fell kämmen.

Der richtige Mix macht's

Hochwertiges Fertigfutter deckt die Bedürfnisse des Katzenkörpers perfekt. Falsch machen können Sie damit nichts. Allerdings ist es nicht empfehlenswert, ausschließlich nur Feucht- oder nur Trockenfutter zu füttern. Entweder Sie mischen Trocken- mit Feuchtfutter, denn harte Bröckchen, mit weichem Dosenfutter gemixt, mögen Katzen, oder Sie teilen die Mahlzeiten in je eine Trocken- und eine Feuchtfutter-Mahlzeit auf (→ Seite 52). Bieten Sie den kleinen Tigern einmal pro Woche Frischfleisch-Happen von Rind oder Lamm an (vom Metzger oder Biobauern) oder gekochte Stückchen von Huhn, Pute, Fisch oder Wild. Auch hin und wieder gekochte Innereien wie Puten- und Hühnerleber, Nieren oder Pansen mögen Katzen. So bekommt das Gebiss Arbeit. Dies entspricht den Bedingungen in der Natur und beugt Zahnsteinbildung vor.

Hinweis Rohes Schweinefleisch kann das tödliche Aujetzky-Virus übertragen und darf deshalb nicht verfüttert werden.

Gesundes zum Verwöhnen

Bei einer Ernährung mit hochwertigem Fertigfutter sind kleine Extras eigentlich überflüssig. Aber sie bieten Mieze »Lebensqualität«, und sie tragen zu einem dichten, glänzenden Fell bei. Ein- bis zweimal pro Woche einen Teelöffel Hüttenkäse oder Nachtkerzenöl (aus dem Zoofachhandel), etwas Magerquark, Joghurt, ein kleines Stück Butter oder Margarine oder ein gekochtes Ei, Spiegelei bzw. Rührei (mit einer Prise Salz). Das schmeckt.

Belohnungshäppchen wie auf Seite 32 aufgeführt sollten mit ihren Kalorien immer auf die tägliche Gesamtfuttermenge angerechnet werden. Belohnungshappen plus normale Futterration machen dick (→ Dick und rund, Seite 58).

Wie viel und wie oft füttern?

Futtermenge Sie ist natürlich von mehreren Faktoren abhängig wie z.B. Alter, Gewicht oder ob es sich um eine trächtige bzw. säugende Katze handelt. Eine erwachsene Katze braucht im Durchschnitt ca. 70 kcl pro kg Körpergewicht. Bei Dosenfutter liegt die Fütterungsempfehlung für eine ausgewachsene, etwa 4 kg schwere Katze zwischen 150 und 400 g täglich. Die Menge ist von der Futterqualität abhängig (→ Seite 50). Das Gleiche gilt für Trockenfutter. Bei hochwertigem Trockenfutter reichen 40 bis 80 g täglich.

Mahlzeiten Erwachsene Katzen werden zweimal am Tag gefüttert, am besten morgens und abends. Jungkätzchen bis zu sechs Monaten drei- bis viermal täglich mit energiereichem Juniorfutter (Kitten).

Hinweis Lassen Sie Trockenfutter nicht den ganzen Tag im Napf herumstehen. Zum einen verliert es an Frische und Geruch, zum anderen findet die Katze in der Natur auch nicht den ganzen Tag einen »gedeckten Tisch«. Wohnungskatzen neigen außerdem häufig zu übermäßigem Futtern aus Langeweile. Und Sie wissen ja, was das bedeutet: Figurprobleme (→ Dick und rund, Seite 58).

Grünzeug hilft, Haarballen zu erbrechen. Katzengras, Zyperngras, Zimmerbambus oder auch Grünlilien sind unbedenkliche Verdauungshelfer.

Gewöhnen Sie Ihre Katze von klein auf an verschiedene Geschmacksrichtungen, damit sie nicht zum »Nahrungsspezialisten« wird.

Bewährte **Fütterungsregeln**

ANWÄRMEN Futter nie direkt aus dem Kühlschrank geben. Zimmerwarmes oder leicht angewärmtes Futter entfaltet anregende Düfte.

FUTTERRESTE Futter, das eine halbe Stunde nach dem Füttern noch im Napf ist, wegräumen.

AUFBEWAHREN Angefangenes Dosen- oder Trockenfutter in Frischhaltedosen packen.

FUTTERUMSTELLUNG Vermeiden Sie abrupte Futterwechsel. Besser: kleine Mengen des gewohnten Futters durch das neue Futter ersetzen.

MENSCHENKOST Hin und wieder ein winziges Häppchen ist okay. Süßigkeiten machen dick und bekommen dem Katzenkörper schlecht.

Das richtige Getränk

Wasser ist für Katzen das Getränk erster Wahl und sollte an mehreren Stellen in der Wohnung angeboten werden (→ Seite 26). Kuhmilch enthält Milchzucker, der heftigen Durchfall verursachen kann.

Katzengras & Co

Kurzhaarkatzen haben damit weniger Probleme, Langhaarkatzen dagegen mehr: Geschluckte Haare sammeln sich im Magen zu Ballen (Bezoare) und werden dann erbrochen. Katzengras kann helfen, dass die Katze leichter erbricht. Schälchen mit Katzengras gibt es im Fachhandel oder können selbst angesät werden. Empfehlenswert sind auch spezielle Katzen-Malzpasten.

Tipps für Selbstgekochtes

Katzen gesund und ausgewogen nur mit Selbstgekochtem zu ernähren erfordert viel Wissen und Zeit. Mit gutem Fertigfutter sind Sie auf der sicheren Seite. Aber wer gern kocht, darf seine Katze auch ab und zu mit einer selbst zubereiteten Mahlzeit verwöhnen. Dabei ist Folgendes zu beachten:

Fleisch und Fisch Mageres Fleisch (→ Seite 51) und Fisch ohne Gräten werden ca. zwanzig Minuten gedünstet und machen den Hauptbestandteil der Mahlzeit aus. Puten- und Hühnerleber nur etwa zehn Minuten garen.

Beilagen Reis, Nudeln, Kartoffeln, Haferflocken oder Graupen und ganz wenig Gemüse wie z.B. Karotten in etwas Fleischbrühe kochen und unter die Futterportion mischen.

Zusätze Futterknochenmehl (Fachhandel) ist eine natürliche Kalziumquelle. Halten Sie sich bei der Menge pro Futterration an die Angaben des Herstellers. Eine Vitaminmischung aus dem Zoofachhandel liefert wichtige Mineralien und Vitamine.

Das Pflege-Einmaleins für Katzenschönheiten

Drei bis vier Stunden täglich verbringen Katzen mit der Fell- und Krallenpflege. Das sollte ausreichen. Doch einige unterstützende Pflegemaßnahmen helfen Ihren Wohnungstigern, sich noch wohler zu fühlen, und Sie können gleich einen Gesundheitscheck damit verbinden. Gewöhnen Sie Ihre Katze am besten schon von klein auf an feste Pflegerituale.

Bürsten kann wie streicheln sein!

Viele Katzen schätzen es, wenn Ihr Mensch sie bürstet und kämmt. Geschieht dies einfühlsam und nicht zu grob, empfinden es die Stubentiger wie eine äußerst angenehme, sanfte Massage. Der wichtigste Grundsatz lautet: Nie gegen den »Strich«, sondern immer in Haarwuchsrichtung des Fells bürsten. Beginnen Sie mit der Fellpflege am besten am Kopf, über den Rücken und die Flanken, dann kommt der Schwanz, die Beine und zum Schluss die besonders empfindliche Bauchunterseite. Setzen Sie Bürste und Ihre streichelnde Hand abwechselnd ein. Dabei lässt sich die Haut auf Verschorfungen, Knötchen oder andere Veränderungen untersuchen. Zum Schluss noch einmal mit feuchten Händen über das gesamte Fell streichen, um lose Haare zu entfernen.

Kurzhaarkatzen Sie halten ihr Fell meist allein in Schuss. Aber auch sie nehmen häufig gern ein- bis zweimal pro Woche Pflegehilfe an. Eine Naturhaarbürste oder ein Handschuh mit Gumminoppen und ein engzahniger Kamm mit kurzen, abgerundeten Zinken sind das richtige Handwerkszeug.

Halblanghaar- und Langhaarkatzen Sie können ihre Haarpracht nicht allein mithilfe ihrer Zunge pflegen, sondern müssen zum Teil täglich gebürstet werden. Das Fell verfilzt meist schnell, und beim Putzen werden viele Haare geschluckt, die sich im Magen zu sogenannten Bezoaren, also Haarballen, verklumpen können. Auch wenn die Haarballen meist wieder erbrochen werden, können sie doch Verdauungsprobleme verursachen (→ Seite 53). Arbeiten Sie mit einer Soft-Drahtbürste und einem

La Bomba reckt sich der Bürste entgegen. Solch eine Bürstenmassage tut wirklich gut, wenn einem »das Fell juckt«.

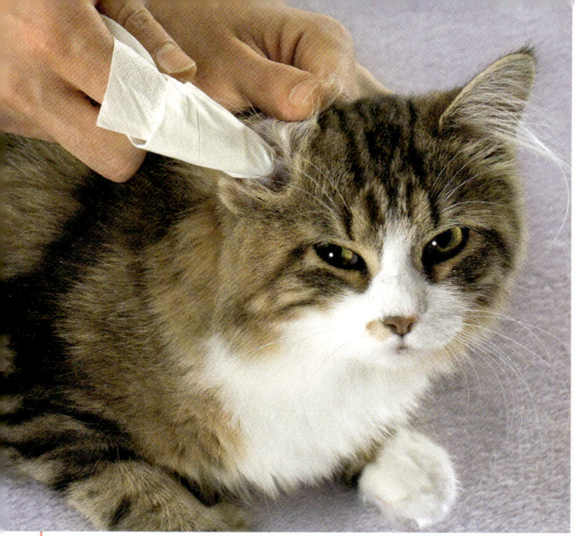

Verschmutzte Ohren mithilfe eines angefeuchteten Papiertaschentuchs säubern. Dunkles Ohrenschmalz kann auf einen Milbenbefall hindeuten.

Auch bei Verkrustungen an den Augen hilft ein angefeuchtetes Papiertaschentuch. Tränen die Augen der Katze ständig, wird ein Tierarztbesuch fällig.

Kamm mit weiten, langen, abgerundeten Zinken. Haarknoten mit einem Trennmesser aufschneiden oder mit einer Schere, deren Ecken abgerundet sind, vorsichtig herausschneiden.

Hinweis Durch ein Bad wird das Fell der Katze nicht schöner. Nur in Ausnahmefällen, z.B. bei Hautkrankheiten, muss Mieze nach Anweisung des Tierarztes gebadet werden.

Klare Augen und saubere Ohren

An den faszinierenden Katzenaugen gibt es meist nicht viel auszusetzen. Lediglich kleine Verkrustungen oder ständig tränende Augen, die häufig bei Perserkatzen, bedingt durch einen zu engen oder verstopften Tränenkanal, auftreten, bedürfen der Pflege. Verwenden Sie dazu ein leicht angefeuchtetes Papiertaschentuch.

Die Ohren sind normalerweise sauber, geruchsfrei und von einer blassrosa Farbe. Verschmutzungen ebenfalls mit einem angefeuchteten Papiertaschentuch reinigen. Dunkle Klümpchen, häufiges Kratzen oder Kopfschütteln deuten auf Ohrmilben hin. Dann wird ein Tierarztbesuch fällig.

Hinweis Bitte niemals Wattestäbchen zum Reinigen der Ohren verwenden!

Ein gepflegtes Gebiss

Einmal im Monat wird eine Zahnkontrolle fällig. Viele Stubentiger neigen zu Zahnstein, was wiederum zu schmerzhaften Zahnfleischentzündungen und Verlust der Zähne führen kann (→ Minderwertiges Futter, Seite 50). Zahnstein muss der Tierarzt entfernen. Dabei wird die Katze narkotisiert. Vorbeugend können Sie Ihrem kleinen Tiger die Zähne mit einer speziellen Zahnbürste und Zahnpaste putzen. Aber auch spezielle Snacks und rohe Fleischstückchen sind geeignete Vorbeugemaßnahmen (→ Seite 51).

Krallenpflege

Mieze sorgt meist selbst für die Pflege ihrer »Waffen«, vorausgesetzt, sie hat die Möglichkeit zum Kratzen. Zu lange Krallen muss der Tierarzt kürzen.

Gesundheit – das A und O für ein langes Leben

Wohnungskatzen sind zwar vor vielen Gefahren, die draußen lauern, geschützt. Doch leider nicht vor Krankheiten. Das größte Risiko für ihre Gesundheit ist oft der Mensch selbst, denn über Schuhe oder Kleidung kann er Krankheitserreger einschleppen.

Impfen muss sein!

Impfungen retten Leben. Lassen Sie deshalb Ihre Samtpfoten impfen. Neuzugänge in der Katzengruppe sollten Sie zunächst dem Tierarzt vorstellen. Die Grundimmunisierung erfolgt ab der achten Lebenswoche. Es sind zum Teil jährliche Auffrischungsimpfungen nötig. Den genauen Impfplan bespricht ein verantwortungsvoller Tierarzt mit Ihnen und stimmt die Impfungen auf die Bedürfnisse Ihrer Wohnungskatzen ab.

Katzenseuche Symptome: Appetitlosigkeit, Apathie, hohes Fieber, Erbrechen, schwerer Durchfall. Die Krankheit verläuft bei Ausbruch, besonders für Jungkatzen, meist tödlich.

Wer sich so wohlig räkelt, dem geht es gut. Die wichtigsten Impfungen gegen tödliche Krankheiten hat Balu schon hinter sich. Wie gut, dass seine Menschen auf die Gesundheit ihres kleinen Katers achten.

Katzenschnupfen Symptome: häufiges Niesen, Ausfluss aus Nase und Augen, verklebte Augen, Atembeschwerden, Speicheln, Fieber, Appetitlosigkeit. Die Infektion kann lebensbedrohlich sein.
Leukose FeLV Diese unheilbare Viruserkrankung wird durch Speichel und Ausscheidungen infizierter Katzen übertragen. Schon im Mutterleib kann die Ansteckung erfolgen. Bis zum Ausbruch der Krankheit kann es mehrere Jahre dauern, in denen die Katze symptomfrei ist, aber den Erreger weitergeben kann. Eine Leukose-Test verschafft Klarheit. Die Krankheitsbilder sind unterschiedlich. Anfangs Apathie, Appetitlosigkeit, Fieber, Abmagerung. Folgeerkrankungen: Abszesse, Magen-Darm-Erkrankungen und Zahnfleischentzündungen bis hin zu bösartigen Wucherungen an den inneren Organen. Lassen Sie sich von Ihrem Tierarzt beraten.
Tollwut Diese tödliche Virusinfektion wird bei Bissen durch den Speichel infizierter Tiere übertragen. Reine Wohnungskatzen sind dagegen weitestgehend davor geschützt. Allerdings ist die Impfung bei Auslandsreisen vorgeschrieben.
Hinweis Unheilbar ist auch die Viruserkrankung FIP (Feline Infektiöse Peritonitis). Katzen können das Virus in sich tragen, aber symptomfrei sein. FIV (Katzen-Aids) wird nur durch direkten Kontakt übertragen. Sprechen Sie mit dem Tierarzt!

Flöhe und andere Parasiten

Auch Stubentiger sind vor den lästigen Plagegeistern nicht gefeit.
Flöhe Über die Kleidung können Hunde- und Katzenflöhe in die Wohnung gelangen. Kratzt sich Mieze auffällig häufig, wird ein Test fällig. Kämmen Sie das Fell über einer hellen Unterlage. Dunkle Krümel, die sich bei Kontakt mit Wasser rot färben, sind Flohkot. Mithilfe moderner Spot-on-Präparate,

Patient Katze. Was sie jetzt vor allem braucht, ist Wärme, Ruhe und Ihre liebevolle Fürsorge. Dann wird Mieze hoffentlich ganz schnell wieder gesund.

Puder oder Tabletten vom Tierarzt können Sie Flöhen schnell den Garaus machen.
Würmer Nach der Flohbehandlung wird meist eine Wurmkur fällig, denn Flöhe sind für manche Wurmarten Zwischenwirte. Auch über Schuhsohlen können Wurmeier in die Wohnung gelangen. Spulwurmlarven kann ein Kätzchen sogar mit der Muttermilch »einsaugen«. In der Regel reicht für reine Wohnungskatzen einmal pro Jahr eine Wurmkur aus. Ob die Katze wurmfrei ist, kann eine Kotuntersuchung durch den Tierarzt feststellen. Bandwurmglieder erkennt man auch mit bloßem Auge im Kot oder um den After der Katze herum als bewegliche »Reiskörner«.
Milben Entzündete, schorfige Stellen auf der Haut können auf Milbenbefall hindeuten. Dunkles Ohrschmalz möglicherweise auf Ohrmilben. Der Tierarzt kann helfen.

Dick und rund – auch gesund?

Mehr als 40 % aller Wohnungskatzen sind zu dick. Ursachen in fast allen Fällen sind die gleichen wie bei uns: Zu viele Kalorien und zu wenig Bewegung. »Ein paar Kilo mehr« können jedoch für Katzen schwerwiegende gesundheitliche Folgen haben: Diabetes, Nieren- und Leberleiden, Gelenk- und Herz-Kreislauf-Erkrankungen sind vorprogrammiert. Wissenschaftlich nachgewiesen ist inzwischen, dass Übergewicht die Lebenserwartung der Katze verkürzt.

Figurtest Wenn Sie mit den Händen über die Rippen Ihrer Katze streichen, fühlen Sie eine stattliche Fettschicht. In der Seitenansicht ist ihr Bauch ziemlich rund. Von oben gesehen hat sie keine »Taille«. Beim Laufen schlenkert der Bauch hin und her. Das Ergebnis ist eindeutig: Die Katze muss abnehmen.

Was hilft? Es gibt mehrere »Lösungsansätze«, aber hungern darf Mieze nicht. FDH ist also nicht die richtige Katzendiät. Zunächst einmal die Frage, ob Ihr Stubentiger jederzeit Zugang zu Trockenfutter hat. Schaffen Sie diese (Un)Sitte ab (→ Seite 52)! Gelangweilte Wohnungskatzen fressen nämlich mehr, als ihnen guttut. Machen Sie eine Bestandsaufnahme der Belohnungshäppchen, die Mieze neben ihren täglichen Futterrationen bekommt. Reduzieren Sie die Sonder-Häppchen direkt aus Ihrer Hand, und lassen Sie Ihren runden Minitiger seine Leckerlis erarbeiten z.B. mit dem Snackball (→ Seite 36). Dehnen Sie das Unterhaltungsprogramm für Ihr Dickerchen aus, indem Sie es zum gemeinsamen Spielen animieren (→ Seite 38). Sogenanntes »Light-Futter« steht hier ganz bewusst an letzter Stelle. Wenn Sie es einsetzen möchten, dann nur in Absprache mit dem Tierarzt.

Gewichtskontrolle Überprüfen Sie das Gewicht Ihrer erwachsenen Katze, indem Sie sie auf den Arm nehmen und sich mit ihr auf die Waage stellen. Ziehen Sie einfach Ihr Gewicht ab.

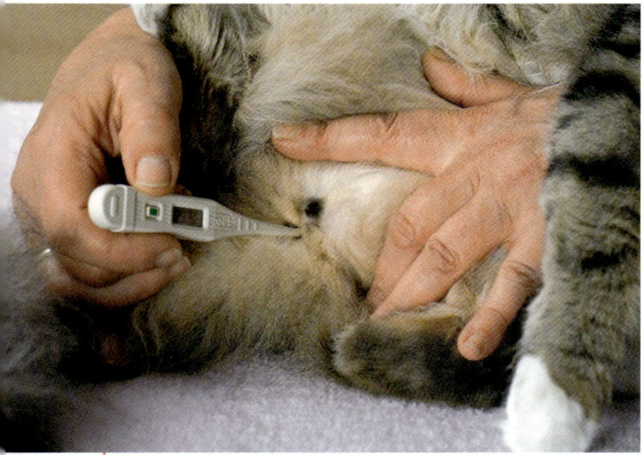

Fieber messen mit einem Digital-Thermometer. Die Normaltemperatur der erwachsenen Katze beträgt 38,0 bis 39,3 Grad Celsius.

Spezielle Probleme

Trockene, staubige, verqualmte Luft Das kann die Atemwege der Stubentiger reizen. Damit die Probleme nicht chronisch werden, Mieze unbedingt dem Tierarzt vorstellen. Vorbeugende Maßnahmen: Regelmäßig lüften, Zimmerbrunnen oder Luftbefeuchter installieren und zum Nichtraucher werden.

Futterallergie Häufige Symptome sind Hauterkrankungen bis hin zu blutigem Durchfall. Allerdings ist eine Futterallergie nicht so einfach nachweisbar, denn es gibt keine entsprechenden Tests. Das Wechseln der Futtermarke kann Allergieauslöser sein, was in diesem Zusammenhang schon häufiger beobachtet wurde. Manche Katzen reagieren auf Milchprodukte jeglicher Art allergisch. Beim Tierarzt gibt es ein sogenanntes Hypoallergenfutter, das diesen Katzen helfen kann.

Die Kastration

Dieses Thema ist vor allem wichtig, wenn Sie mehrere Katzen verschiedenen Geschlechts halten. Daneben macht die Kastration das Zusammenleben auch deutlich erträglicher. Katzen haben einen ausgeprägten Geschlechtstrieb. In der Zeit der Rolligkeit wird die Kätzin unruhig, wälzt sich auf dem Boden, schreit nach einem Kater und kann an verschiedenen Stellen in der Wohnung mit Urin markieren. Kater zeigen ihre Deckbereitschaft, indem sie ihre geruchsintensiven Harnbotschaften am Vorhang oder Stuhlbein hinterlassen. Auch sie jammern laut nach einer »Braut«. Durch die Kastration verschwinden diese Verhaltensweisen.

Eingriff durch den Tierarzt Die Kastration ist für erfahrene Tierärzte eine Routinesache. Der Eingriff wird unter Narkose des Tieres vorgenommen. Bei der Kätzin werden die Eierstöcke entfernt, beim Kater die Hoden.

Der richtige Zeitpunkt Die Kastration sollte vor der Geschlechtsreife erfolgen. Bei der Kätzin ab etwa dem sechsten Lebensmonat, beim Kater zwischen dem achten und zehnten Lebensmonat.

Kastraten Sie werden häufig ruhiger, bewegen sich weniger, verbrauchen dadurch weniger Kalorien, haben aber einen normalen Appetit. Da bilden sich schnell »Speckröllchen«. Ein Unterhaltungsprogramm kann dem entgegenwirken (→ Seite 36).

Abschied nehmen

Eine Wohnungskatze mit artgerechtem Umfeld und guter Pflege kann 20 Jahre und älter werden. Bleibt sie von Krankheiten verschont, stirbt sie eines Tages an Altersschwäche. Anders, wenn die Katze an einer unheilbaren oder sehr schmerzhaften Krankheit leidet. Dann sollten Sie sie aus Liebe zu ihr vom Tierarzt von ihren Qualen erlösen lassen.

Nützliches für den **Krankheitsfall**

TIPPS VON DER KATZEN-EXPERTIN **Gabriele Linke-Grün**

TRANSPORT ZUM TIERARZT Gewöhnen Sie Mieze behutsam an die Transportbox. Sie sollte freiwillig hineingehen. Stellen Sie die geöffnete Box auf den Boden, legen Sie etwas, das nach Ihnen riecht, hinein, dazu ein Leckerli. Wenn die Katze es sich bequem gemacht hat, die Tür schließen und die Box sanft hochheben. Der erste Ausflug sollte nicht gleich beim Tierarzt enden.

SANFTE MEDIZIN Moderne Tierärzte und Verhaltenstherapeuten für Katzen arbeiten schon längst mit alternativen Heilmethoden wie Homöopathie, Bachblüten, Schüßler-Salzen, Akupunktur oder bestimmten Massagetechniken.

KATZENAPOTHEKE Die Grundausstattung besteht aus einem Fieberthermometer, Vaseline (zum Einfetten des Thermometers), Wund- und Heilsalbe (vom Tierarzt), Verbandsmull und Binde, Einwegspritzen (ohne Nadel, für Medizin).

KATZENPATIENTEN Ruhe, Wärme, ein sauberes Krankenbett und Ihre Aufmerksamkeit tun Mieze gut. Was im Einzelfall genau zu beachten ist, erklärt Ihnen der Tierarzt.

Die **halbfett** gesetzten Seitenzahlen verweisen auf Abbildungen, U = Umschlag, UK = Umschlagklappe.

Die Inhalte dieses Buches beziehen sich auf die Bestimmungen des deutschen Tier- bzw. Artenschutzes. In anderen Ländern können die Angaben abweichend sein. Erkundigen Sie sich daher im Zweifelsfall bei Ihrem Zoofachhändler oder bei der entsprechenden Behörde.

Adressen

› 1. Deutscher Edelkatzenzüchterverband e. V. (1. DEKZV e. V.), Mühlweg 4, 35614 Asslar, www.dekzv.de
› Deutsche Rassekatzen-Union e. V. (D.R.U.), Hauptstr. 21, 56814 Landkern, www.dru.de
› Österreichischer Verband für die Zucht und Haltung von Edelkatzen (ÖVEK), Liechtensteinstr. 126, A-1090 Wien, www.oevek.at

Wichtiger **Hinweis**

› Schutzimpfungen und Entwurmungen sind notwendig, um die Gesundheit von Mensch und Tier nicht zu gefährden.

› Gehen Sie bei Krankheitsanzeichen oder Parasitenverdacht sofort zum Tierarzt. Sie schützen damit u. U. auch sich selbst vor Infektionskrankheiten.

› Allergiker machen vor der Anschaffung einer Katze am besten einen Prick-Test auf Katzenhaare.

› Schäden, die von Katzen verursacht wurden, trägt die Haftpflichtversicherung.

› Fédération Féline Helvétique (FFH), Alfred Wittich (Präsident), Büntacher 22, CH-5626 Hermetschwil-Staffeln AG, www.ffh.ch

› Deutscher Tierschutzbund e. V., Baumschulallee 15, 53115 Bonn, www.tierschutzbund.de
› Österreichischer Tierschutzverein, Berlagasse 36, A-1210 Wien, Tel. 0043/1/8 97 33 46, www.tierschutzverein.at
› Schweizer Tierschutz (STS), Dornacherstr. 101, CH-4018 Basel, www.tierschutz.com, Beratungsstelle Tel. 00 41/61/3 65 99 99

Fragen zur Haltung

beantworten Ihr Zoofachhändler und der Zentralverband Zoologischer Fachbetriebe Deutschlands e. V. (ZZF), Tel.: 06 11/44 75 53 32 (nur telefonische Auskunft möglich: Mo 12–16 Uhr, Do 8–12 Uhr), www.zzf.de

Krankenversicherung

› Uelzener Versicherungen, PF 2163, 29511 Uelzen, www.uelzener.de
› AGILA Haustierversicherung AG, Breite Str. 6–8, 30159 Hannover, www.agila.de

Urlaubsbetreuung

› Urlaubs-Beratungsservice des Deutschen Tierschutzbundes, Tel.: 02 28/604 96 27, Mo–Do 9–17 Uhr, Fr 10–16 Uhr

Bücher, die weiterhelfen

› Dillitzer, Natalie: BARF für Katzen. Gräfe und Unzer Verlag, München
› Kieffer, Birgit: Meine Katze macht was sie will. Gräfe und Unzer Verlag, München
› Linke-Grün, Gabriele: Katzen-Spiele, Gräfe und Unzer Verlag, München
› Linke-Grün, Gabriele & Wegler, Monika: Wohnungskatzen. Gräfe und Unzer Verlag, München
› Ludwig, Gerd: Praxishandbuch Katzen. Gräfe und Unzer Verlag, München
› Ludwig, Gerd: 300 Fragen zur Katze. Gräfe und Unzer Verlag, München

Zeitschriften

› die edelkatze. Illustrierte Fachzeitschrift für Katzenfreunde, Verbandszeitschrift des 1. DEKZV (→ Adressen)
› Geliebte Katze. Ein Herz für Tiere Media GmbH, Ismaning
› katzen online. Hrsg. D.R.U. (→ Adressen)
› Pfotenhieb – das Katzenmagazin,

Internetadressen

› www.katzennatur.de
› www.katze-und-du.at
› www.katzen.de
› www.giftpflanzen.ch

Portale für Tiermedizin

› www.tiermedizin.de
› www.smile-tierliebe.de
› www.ggtm.de

Die Autorin

Gabriele Linke-Grün arbeitet seit vielen Jahren als freie Journalistin, Redakteurin, Lektorin und Autorin. Ihr besonderes Faible gilt Katzen, deren Eigenwilligkeit und Eleganz sie schon immer fasziniert und begeistert haben.

Die Fotografin

Monika Wegler gehört zu den besten Heimtierfotografen Europas. Sie arbeitet außerdem erfolgreich als Journalistin und Tierbuch-Autorin. Weitere Informationen finden Sie unter www.wegler.de.
Alle Fotos in diesem Buch stammen von Monika Wegler mit Ausnahme: **Arco-Images:** U8-2; **Cogis:** 14-2, 15-2; **Corbis:** 30; **Tatjana Drewka:** 1; **f1-online:** U6-1; **Getty:** 15-1, 15-3; **Oliver Giel:** U3-1, U4-3, U5-1, U6-2, U6-3, U8-1, U8-3; **Juniors-Bildarchiv:** 14-3, 15-4, 15-5; **Mauritius:** 57; **Eva Nimtscheck:** 20; **Ulrike Schanz:** U4-2, 14-1; **senior-images:** 32, 33-1, 55; **Shutterstock:** U1, 3; **Tanja Skomudek:** 25-1, 25-2, 25-3; **Jana Weichelt:** 48, U5-2.

Syndication:
www.jalag-syndication.de

Aktualisierte Neuausgabe von Wohnungskatzen, GRÄFE UND UNZER VERLAG GmbH, 2008,
ISBN 978-3-8338-0525-7

Projektleitung: Jutta Weikmann, Anita Zellner, Vanessa Lotz
Bildredaktion: Petra Ender, Jutta Weikmann, Waltraud Flöter
Umschlaggestaltung und Layout: independent Medien-Design, Horst Moser, München
Herstellung: Claudia Labahn, Martina Koralewska
Satz und Repro: Longo AG, Bozen
Druck und Bindung: Schreckhase, Spangenberg

Printed in Germany

ISBN 978-3-8338-3641-1

1. Auflage 2014

www.facebook.com/gu.verlag

QUALITÄTS G|U GARANTIE

Liebe Leserin, lieber Leser,

haben wir Ihre Erwartungen erfüllt? Sind Sie mit diesem Buch zufrieden? Haben Sie weitere Fragen zu diesem Thema? Wir freuen uns auf Ihre Rückmeldung, auf Lob, Kritik und Anregungen, damit wir für Sie immer besser werden können.

GRÄFE UND UNZER Verlag
Leserservice
Postfach 86 03 13
81630 München
E-Mail:
leserservice@graefe-und-unzer.de

Telefon: 00800 / 72 37 33 33*
Telefax: 00800 / 50 12 05 44*
Mo–Do: 8.00–18.00 Uhr
Fr: 8.00–16.00 Uhr
(gebührenfrei in D, A, CH)*

Ihr GRÄFE UND UNZER Verlag
Der erste Ratgeberverlag – seit 1722.

Umwelthinweis

Dieses Buch ist auf PEFC-zertifiziertem Papier aus nachhaltiger Waldwirtschaft gedruckt.

GRÄFE UND UNZER

Ein Unternehmen der
GANSKE VERLAGSGRUPPE